张辉 著

故宫出版社

明式家具器型研究（上）

Zhang Hui

A Study of Ming-style
Furniture Shapes

The Forbidden City Publishing House

　　张辉，毕业于山东大学历史系考古专业，先后任职河北省博物馆、河北教育出版社。1994年后，在北京多家出版社任策划组稿编辑，并创建北京紫都苑图书发行公司。

　　著有《明式家具图案研究》《闽作明清家具研究》《曾国藩之谜》。整理《曾国藩全集》，主编《中国通史》《中国名画全集》《古董收藏价格书系》等书。自2000年开始，从事明清家具、文玩古董收藏和研究。

　　现为多家专业艺术媒体专栏作家，并将考古学、历史学、人类学、图像学之方法论引入家具研究。

目录

下

近年来，建立新的明式家具研究系统已是新一代研究者的意愿，且有所践行。但如何获得实际成果？我个人认为，这需要多学科、跨学科的支持。研究者的教育背景有文史哲经、美术设计、科技理工，他们个人把学过的成熟学术方法和学术工具科学地引入了研究中，任何开辟性的结合、尝试性的嫁接，都会推动研究工作多样性地向前发展。

如果能够在研究中，建立言之有理、持之有据的独到成果体系，那么一定要有一套或几套学术原理作为依据。使用某个成熟的学术工具，以某种学科的基础方法与明式家具的某个层面、某个角度进行交集，如此才可以避免人云亦云和陈词旧说，取得别开生面的成果。

本书提供了一个示范。作者使用了自身的专业修养——考古学和历史学，寻找到这些学科与明式家具的结合点，这为其研究开辟了一条新路。正是有了一种成熟学科的理念和方法论，作者可以对所有存世家具的资料进行挑选、区别，并一一研读，最终基本梳理出各类各式家具的源流变迁。一个个碎片散珠式的明式家具个例被串联，建立起器物的年代系统。学理在此成为一种工具和依据，从而作者完成了自成一体的学术建构，也完成了一种学术的推进。

本书启发我们，如果大家都根据自己可以依据的某方面学术优势、学科背景、学术训练，专注于明式家具某一方面，明式家具研究可能会出现意想不到的多元化的局面。

据作者所言，他也非一开始就动了使用考古学方法的念头，而是在大量地对明式家具具体器型进行观察和描述后，才感觉到对于所有存世的明式家具的演变进行梳理，完全可以使用所学的考古学理念和方法。事件触发其自身内在的知识结构，进一步走入一种自觉、以包括考古学在内的各种学术原理和方法理解明式家具，这使其著作获得了较高的起点和创新点。

任何古典文化都需要普及，明式家具也是同样。但今天明式家具更需要知识创新、学术创新。创新是学术上的突破，是提供不同他人的、前所未有的观点。所有的观点都应尽量寻找有说服力的论据并加以论证或推理，以完成有理有据的阐述。学术需要严密的合乎逻辑的论证，而非散发性、想象性的论断。它不能是陈说故语的汇集，更不能是感情抒发、个人随想，尤其不能是商业企划式的。这是我个人认同和提倡的文风。

拥有宏观的整体感，又专注繁多的细枝末叶，这恰恰又构成了本书的另一个特点。在本书框架中，充满着学理的论辩和范式，但对明式家具发展观察的概括和抽象全部提炼于内容饱满、丰富多彩的大量细节中。众多的各类实例也自然而然地熔于一炉，使其成为有血有肉的学术和知识体系。由实物的一式一型之细微考据进而完成一套理论建树，以饾饤之学而达鸿篇巨制。

本书试图建立宏大叙事的体系，但每每在细节上死钻牛角尖，器物上任何微妙的不同变化都会惹其瞩目。其细致的考据与长篇建构相结合，防止了只有大线条、大脉络的空疏。它的宏观梳理始终是与零碎的家具实物以及图像和文献相结合的，一个个小细节成为整体大厦的一砖一石。由一件件明式家具的观察到类型学的梳理，再到总趋势和总概念的总结，认真观察家具实物是其根本依据。离开了对具体实物的尊重和珍视，便谈不上什么思考和理论。

本书还试图通过典型案例建立总的通则和综合概括，在各个章节中，梳理归纳出某一类家具的发展流变，并成为全书高度抽象概念的基础。从某方面看，本书也顺理成章、言之有理地构成了一部明式家具发展史，并有工具书的意义。

此前，作者在故宫出版社出版了《明式家具图案研究》，社会反响极其良好。彼书与本书，各有内涵，独成一体，又相互补充。它们显示了作者研究写作的个人风格，揭示了明式家具的某些现象和发展规律，又呈现了一个方法论、一种学术理念。这需要定力、功力和学力。其提炼实例、表述方法、逻辑论证的方式，在古代工艺品研究领域中是难得一见的。

在此，恭贺作者取得的成果。

2018 年 5 月

自序

明嘉靖年出贪官，也弘扬反贪正气。一朝首贪严嵩被罢官抄家，其家产清单账目众多，文字数量竟然达六万余，不但成书，还竟然出版，将真相大白于天下。反讽的是，书名又竟然称为《天水冰山录》，意为"太阳一出冰山落"，充满对正义的歌颂。嘉靖四十四年（1565年），严嵩被劾削职，其子严世蕃被处死。

明人王世贞说："分宜（按：严嵩）当国，而子世蕃挟以行黩天下之金玉宝货，无所不致。"[1] 严氏抄家账目记录了其20年主政期间之鲸吞物品，可谓当朝的财富博览。琳琅满目的珍奇宝物中，记载了一些与"（黄）花梨"相关之器，计有九处，如"牙盖花梨镜架一个""花梨小木鱼一个""玉厢花梨木镇纸一条""花梨木一拜帖匣一个""牙厢花梨木镜架一个""花梨木鱼一个""小花梨木盒一个""花梨木锥一件"及"素漆（按：髹漆后未加纹饰）、花梨木等凉床四十张，每张估价银一两"。这是明代史料中最早成系列关于黄花梨家具的记载。[2]

此书中关于严嵩府内家具的记录极多，多达八千余件家具中，大多是大漆、嵌螺钿家具。其中大型者有"屏风、围屏共一百零八座架"、大理石螺钿雕漆"床共一十七张"，"各样床计六百四十张"。严家很少的黄花梨器物中，没有大器型的，如没有黄花梨之桌、案、椅、屏风、罗汉床、架子床等。其所记载"花梨"家具种类稀少、级别较低，同时

---

1 （明）王世贞：《觚不觚录》，《文渊阁四库全书》"子部"。
2 （明）佚名：《天水冰山录》，神州国光社，1936年。

数量极少。可见嘉靖年间，黄花梨家具处于起步阶段。

还有其文字中"素漆凉床"和"花梨凉床"一起记录，表明黄花梨家具初始使用，在当时匆忙和混乱的资料记录中，黄花梨凉床尚未单独立项，尤其是估价为"一两"白银，价格低廉不抵漆饰家具，还引起了当代一些研究者的疑惑。每张黄花梨凉床价值"一两"白银之原因，可以如此解读：

其一，历代查抄赃物的价格折算，不乏当局操柄者营私肥己的勾当，是权力行为，不是市场行为。正如清嘉庆皇帝下令抄查清代贪官和珅家产时，便有此类感触，指责变卖价格为实际价值的十之二三。

其二，当时黄花梨家具刚刚问世，价格尚不透明，没有广泛认同的市场标准价格。其二亦助其一奸道可行。

另外，嘉靖初年，朱宁因私通宁王被捕，其抄家财产清单上，对花梨器也仅仅有一点记录：

乌木盆、花梨盆五，沉香盆二。织金鹤二对。织金蟒衣五箱。罗钿屏风五十座。大理石屏风三十座。围屏五十三扛。苏木七十三扛。[1]

其抄家财产中，仅仅有五个乌木盆、花梨盆，这也是嘉靖年乌木、花梨器物种类尚少的另一个辅证。

《金瓶梅词话》的创作年代有两说，一是明嘉靖年，一是明万历朝。故事中心地点是山东临清县。书中描述的漆饰家具多达几十件，却找不到黄花梨、紫檀等硬木家具的踪迹，这也与上述两个史料的逻辑吻合。

无论如何，《天水冰山录》的若干文字是多种"花梨家具"初现的准确史料。1565年，作为一个事件年，可视为黄花梨家具、明式家具的肇始元年。

对明式家具的出现和使用，学界前贤搜罗钩沉文献史料，还提供了其他明确的年代证据，其要者如下。

---

1 （明）佚名：《天水冰山录》附录，神州国光社，1936年。

明万历朝松江地区的范濂在《云间据目抄》中说：

隆、万以来，……纨绮豪奢，又以椐木不足贵，凡床橱几桌，皆用花梨、瘿木、乌木、相思木与黄杨木，极其贵巧，动费万钱，亦俗之一靡也。[1]

以上是苏州和云间（今上海松江）地区的状况。

万历朝太监刘若愚在《酌中志》中说明御用监职司：

凡御前安设硬木床、桌、柜、阁及象牙、花梨、白檀、紫檀、乌木、鸡翅木、双陆棋子、骨牌、梳栊、螺甸、填漆、雕漆盘匣、扇柄等件，皆造办之。[2]

此为京师中枢的情景。

科学的考古出土文物是最重要的物证，在上海市宝山区明万历朱守诚夫妇合葬墓中，出土有紫檀栏杆式砚屏、紫檀笔筒、紫檀瓶和竹雕紫檀盖香筒。这些遗物为万历朝制造硬木器物最有力的物证。[3]

明清时期，乃至更早，"黄花梨"被称作"花梨""花狸""花榈"。起码在清雍正、乾隆宫廷《造办处活计档》《贡档》《进单》中可见大量的紫檀、花梨家具记载，其中的花梨家具无疑是指黄花梨家具。

"黄花梨木"一词最早出现于清光绪年间，在为慈禧皇太后修建陵寝时，庆亲王奕劻奏请陵寝内使用黄花梨木。光绪二十三年史料记载：

己卯，庆亲王奕劻等奏，菩陀峪万年吉地，大殿木植，除上下檐斗科，仍照原估，谨用南柏木外，其余拟改用黄花梨木，以归一律。[4]

另外还有记载：

癸丑，谕军机大臣等，朕钦奉慈禧端佑康颐昭豫庄诚寿恭钦献崇熙

1 （明）范濂：《云间据目抄》卷二"记风俗"，江苏广陵古籍刻印社，1983年。
2 （明）刘若愚：《酌中志》卷一六，北京古籍出版社，1994年。
3 上海文物管理委员会：《上海宝山明朱守诚夫妇合葬墓》，《文物》1992年第5期。
4 （清）陈宝琛、世续：《大清德宗景皇帝实录》卷四〇六，中华书局，1987年。

皇太后懿旨，东西配殿，照大殿用黄花梨木色，罩笼罩漆，余依议。[1]

可见，在清光绪二十三年（1897年），"黄花梨"之名出现。

综合上述诸项资料，可以认定，黄花梨、紫檀家具初出于明代嘉靖年间，比较普遍使用于万历朝间，嘉万年间属明代晚期。

明清之交，国祚更替，神州动荡，大明的靡丽奢侈世风，经过短暂的收敛，悉数被大清承袭。康熙朝之后，硬木家具的使用更是一路高歌猛进，以黄花梨、紫檀制作的明式家具达到高峰。

明末清初的海禁应该对明式家具原材料的进口有一定影响。明崇祯朝，福建漳州月港海关被关闭，又沦为走私的大本营。泉州的安平港、厦门港等其他沿海口岸重操走私旧业。顺治十三年（1656年）敕谕浙江、福建、广东、江南、山东、天津各省督抚提镇曰："严禁商民船只私自出海"，直至清康熙二十三年（1684年）开禁。

禁令不能完全阻断走私的通道，历代如此，明清两朝也一样。贸易是社会刚性的需要，任何时候，闭关锁国总是难以根绝走私贸易。明代隆庆开关很大原因是向"私自出海"让步。此前，漳州月港已经沦为走私的大本营，成为东南地区海外贸易中心。而崇祯年闭关以后，东南沿海走私活动又卷土重来。

据清廷造办处档案披露，雍正一朝13年，宫中使用黄花梨家具日趋减少，而新造紫檀家具数量逐渐增多。但黄花梨家具的制作并未结束。

清和硕雍亲王的《十二美人图》和清康熙五十二年（1713年）康熙帝60岁寿辰贺礼的紫檀大围屏显示出，在清康熙晚年，清式家具已经出现。但这并不意味明式家具的结束，明式家具的退潮伴随清式家具的来临，两者犬齿交错进行。

清乾隆朝宫廷制作、进贡家具的档案尚未完全整理出来，笔者在造办处木作"清档"和家具"进单、贡档"的抽样资料中，发现乾隆朝进

---

1 （清）陈宝琛、世续：《大清德宗景皇帝实录》卷四〇七，中华书局，1987年。

贡档案中记载：乾隆十六年，河南巡抚进花梨画桌二张、花梨琴桌二张、花梨边绢心花卉十二扇、花梨边绢心山水十二扇、画金边金心花卉十二扇。[1] 此后，清宫"进单"与"贡档"中对紫檀家具的记载已为海量，而黄花梨家具的记载几成断档态势。

笔者认为，如果为明式家具历程的结束寻找一个标志年，那么清乾隆十六年（1751年）河南巡抚此次进贡大批量的黄花梨家具，可视为明式家具的落日余晖，是黄花梨家具末期的重要结点。

虽然在乾隆十六年（1751年）后，黄花梨家具还有零星进贡，但黄花梨家具作为一个时代已经过去。如乾隆三十六年（1771年），江西巡抚海明进花梨宝座一座、花梨香几一对、花梨书桌一件、花梨膳桌一对、花梨炕书架一对，均为"雕刻竹式"。[2] 这些黄花梨家具来自明式家具非主流生产地区的江西，且式样为"雕刻竹式"，已为清式家具。

日后，全部的清廷家具档案完整梳理后，我们会看到更细致入微的记载，明式家具结束的具体年代的确定可能有微调，但不会超出这个时间框架太多。

如果以雍正末年为明式家具结束年代标志，可能更简单化一些。但是，匠作工艺与皇位更替不完全相一致。由家具形态自身看，明式家具向清式家具转变也是交叉的、拉锯式的，而非一刀切。

明式家具与黄花梨家具并非同一概念，但前者以后者为主要载体，而后者的形态也主要表现为前者，两者具有极大的交叉性。

这里要明确一个概念，笔者所云的"明式家具"，专指明晚期至清早中期这一历史阶段，以黄花梨、紫檀为主体的硬木材质家具。明式家具作为专有的学术概念不含有大漆家具和柴木家具。

硬木家具与漆柴木家具是属于古典家具母文化中的两个子文化系统，有各自的发展链，独自运行。在作类型学梳理、年代考究时，它们不可混为一谈。

1、2　吴美凤：《盛清家具形制流变研究》附录，页375、381，胡德生整理《乾隆朝"宫中进单与贡档"》，紫禁城出版社，2007年。

另有研究者指出，晋代崔豹《古今注》对紫檀已有记载，唐代陈藏器《本草拾遗》中，已有花梨的记载："榈木出安南及南海，用作床几，似紫檀而色赤，性坚好。"晋唐以下，与黄花梨、紫檀相关的文字不绝于史册。其间，民间百姓的实际使用也理所应当地存在。长久以来，海南岛居民将黄花梨木作为中药材，主治行气、活血、止痛及内伤，外敷亦可用之止血。同时，老百姓就地取材，打造简陋粗糙的家具，或将其制作成房梁、锄头把、家畜食槽等。诸如此类，与本书所谈紫檀、黄花梨所做的明式家具普遍使用的起始年代并不矛盾。

笔者着眼的硬木明式家具具有以下特征：

一是专指内陆地区沿袭、遵循宋元明以来木器匠作法则，具有强烈工艺色彩的硬木家具，它们使用框架结构、榫卯工艺和攒边打槽装板工艺，甚至它们的式样都有一定的程式化。二是它们作为商品广泛地流通于社会。

如此，各时期当地居民就地取材打造的家具不在明式家具之列。明式家具作为一种制作运动，其出现背景有二：

一是在明中期以后，中国处在"近代社会转型"的萌芽状态（旧称"资本主义萌芽"），城市商品经济空前活跃，社会财富极大增长，少数人财富的快速聚集带来空前的奢靡消费之风，高档工艺品和一切珍贵的原材料需求十分强劲，硬木材料通过海外贸易的利益集团贩运至内陆。

各种匠作文化与财富的结合，是历朝历代物质文化建树的支撑点，包括明式家具在内的传统工艺品也不例外。财富是激发工艺创造的动力。在没有人买单的情景下，包括明式家具在内的优质产品及其工匠精神都是妄谈。

二是贸易激发和促进了古老的木器匠作文化的发展。明隆庆元年，政府一方面要化解海上走私的困局，另一方面要增加税收，解决财政之难，遂有隆庆开关。海禁之开放，民间海商海外贸易如久旱逢甘霖，包括硬木原料在内的物产源源不断地输入内地。

晚明之时，政治松动，经济繁荣，市场开放，文化活跃。明式家具大戏只能是在这样特定的锣鼓声中开场。明式家具在财富、市场、工艺激荡中，留下了太多的故事，让我们慢慢品读。

鉴于历史学分期的规范，笔者以有确切纪年的事件为明式家具的开始和结束的标志。认为从明嘉靖四十四年（1565 年）开始，至清乾隆十六年（1751 年）结束，这是漫漫的 180 余年。其间横跨两个王朝，人世间，天翻地覆，沧海桑田。180 余年的历程意味着明式家具是一个漫长、丰富的发展变化历程。同时，这个年代跨度的确定，也为对明式家具器物进行年代排队奠定了基础。

明清时期的各类别工艺品如瓷器、玉器等，今人基本完成了年代的类型学排队，即器物的相对年代排队。而明式家具此类探讨虽然偶有出现，但系统性的建构一直阙如，本书就是这种建构的一个尝试。

本书将明式家具分为早期、中期、晚期、末期，对应的年代为明晚期、明末清初、清早期、清早中期。大致的时间为：明晚期，由明嘉靖四十四年（1565 年）至万历年间（1573～1620 年）；明末清初，由明天启年间（1621～1627）至清顺治年间（1644～1661 年）；清早期，由清康熙初年（1662 年）至康熙五十二年（1713 年）；清早中期，由康熙五十三年（1714 年）到乾隆十六年（1751 年）。

明式家具缺乏系统的有明确纪年的器物，难以系统确定家具年代。然而，明式家具整体的年代梳理的破局绝非彻底地欲渡无舟，考古类型学的原理、方法论和古典家具行业的各种经验可以担当此任，本书便是利用这些原理、方法、经验的一种努力。

钱穆先生在《中国文学史》开篇时说："所谓史者，即流变之意，有如水流一般。吾人如将各时代之文学当做整体的一贯的水流来看，中间就可以看出许多变化。"[1] 明式家具史也是一条激荡的长河，在明清之际奔腾向前，让我们看看它们如何逝者如斯夫。

---

1 钱穆：《中国文学史》第一章，天地出版社，2015 年。

第一章

明式家具的标准器
和亚标准器

一、明万历朝家具的标准（型）器

标准器又称标型器。在文物学中，标准器是指有确切纪年的器物。有确切纪年之器可以出自有确切纪年的遗迹中，也可以是有可靠纪年文字印证的器物，也可以是自带年款而且被公认的某时代器物。标准器的意义在于为相类似的器物提供了形态比较的标准，进而参用考古类型学方法来判断相类似器物的相对年代。没有纪年要素的器物，不可以称为标准器。

明式家具中少见有确切纪年的器物，但历史并非彻底薄情，在古典家具茫茫的纪年废墟中，还能找到若干有明确年代的遗物，实例如下：

紫檀砚屏（图1、1-1）出土于上海市宝山区明代万历朝朱守诚夫妇合葬墓，据其墓中出土的买地券载，朱氏之妻

图一　明万历　紫檀砚屏

长 17 厘米　宽 8 厘米　高 20 厘米

（选自上海文物管理委员会编：《上海考古精萃》，上海人民美术出版社）

图1-1　紫檀砚屏背面

杨氏"殁于万历九年正月"，[1] 所以其应为万历（或早于万历朝）制品。它是至今仅见的明晚期硬木砚屏实物，是明万历朝考古出土的标准器。故可以称之为"明式家具第一屏"。它提供了明万历砚屏（小插屏）的多样信息，有多方面标准器意义：全身光素，壶门式牙板。屏风前置少见的栏杆式（架座式）笔格，为条桌式造型，其面板厚硕，上有五个孔洞，下有托子，对应也有五孔，用于插置毛笔。矮束腰，直牙板，牙板与腿足相交处圆润。侧脚明显，牙板与脚足上起线装饰。腿足上宽下窄，腿内侧微微呈弧形内收，矮马蹄内翻，曲度柔婉。站牙为单纯的宝瓶形（图1-2），边缘饰宽皮条线。屏心是少见的大理石实物。

紫檀螭龙纹瓶（图2）也出土于上海市宝山区明万历朱守诚夫妇合葬墓。通过紫檀瓶的螭龙纹拓片（图2-1），清

图1-2　紫檀砚屏上的宝瓶形站牙

图2　明万历　紫檀螭龙纹瓶

高8.8厘米　直径3厘米

（上海文物管理委员会编：《上海考古精萃》，上海美术出版社）

1　上海文物管理委员会：《上海宝山明朱守诚夫妇合葬墓》，《文物》1992年第5期。

图 2-1 紫檀瓶拓片上的三条螭龙

晰可见有三条螭龙，是典型的一大二小构成。其面部均成正面，二目圆睁，嘴巴闭合。独角劲挺，有背脊线。四肢肩胛尚存，四爪比较写实，尾部分叉相背，曲如卷草，身体其他部位上未再见卷草形纹样。明代称这种大小螭龙组合的构图为"子母螭"。紫檀螭龙纹瓶的口沿和底座面沿上雕扯不断纹。

朱守诚夫妇合葬墓还出土了紫檀盖竹雕香筒，名为"刘阮入天台竹香筒"。其紫檀盖上的螭龙纹（图3）也是正面、双眼、闭嘴，比上述紫檀瓶上的螭龙纹更接近兽体形螭龙。

朱守诚墓出土的紫檀螭龙纹瓶和竹香筒，都是明晚期有明确纪年的雕刻纹饰的木器。此时期螭龙面部形象类虎似猫，笔者称之为"万历螭龙纹"。

严格讲，紫檀瓶和竹香筒紫檀盖属于木器制作，但不属于家具范畴。此处引入，只是为明代万历时期硬木器物的螭龙纹饰举起一个标准器。它们器物虽小，然吉金片羽，其上的"万历螭龙纹"是打开明代硬木器作雕饰迷宫的钥匙，乃不可多得的经典文本。

明代最初的硬木浮雕成果首先出现在这些紫檀木器小件上。这时期，硬木小件上已出现"万历螭龙纹"。此时黄花梨、紫檀家具制作已风生水起，但作为年份标志的"万历螭龙纹"从未见于各类硬木家具之上。故笔者的结论是：明万历朝各类硬木家具没有雕饰。

图3 明万历 竹香筒紫檀盖上的螭龙纹
（上海文物管理委员会：《上海宝山明朱守诚夫妇合葬墓》，《文物》1992年第5期）

以本书梳理的明式家具图案谱系看，明式家具图案的雕刻发生于清早期。"万历螭龙"作为最活跃、最普及的形象，是明晚期各类工艺品上广泛使用的图案。但是，这种式样的图案在所有的明式家具上没有见过，这证明了明晚期的家具上无存雕饰。实例层面，也的确未见有过硬证据可确定是明晚期的有雕饰的器物。

清早期后，成熟的雕刻装饰席卷硬木家具。只是时移物异，此时螭龙纹图案形态与"万历螭龙纹"已经迥然有别，呈现出"侧面、独眼、蛇身、张嘴"形象，可称为"康熙螭龙纹"，这个形象在清早期、清早中期家具上举目可见。

明式家具上，十分罕见的扯不断一类纹饰，偶见一二，也带有偏晚符号，为清早中期造物。特别要说明的是，在极个别清早期家具上，还偶见正面、斜正面螭龙纹，行业内称为"猫脸"螭龙。但在其同一家具之上，存在着时代偏晚的纹饰符号，表明其晚出的年份。它们有两种情况：

一是这种螭龙面目好像与明万历螭龙纹相近，但其身体形象已经变异或退化，身尾上存在新增的卷草纹，少有兽身的写实之貌，图案抽象化程度颇深，表现为清早期图案风格。如黄花梨架子床前围子上的"正面双目式"螭龙纹（图4）、黄花梨架子床前围子中的团式螭龙纹（图5）。它们俗称"猫脸"螭龙，虽为"正面、双眼、闭嘴"形象，但螭龙纹成圆环状，表现为较晚年代的制作。

图4　清早中期　黄花梨架子床前围子上的正面双目式螭龙纹
（清华大学艺术博物馆藏）

图5　清早中期　黄花梨架子床前围上的团式螭龙纹

图 6 清早期　黄花梨架子床床腿上的正面双目式螭龙纹

图 7 清早期　黄花梨架子床床腿上的正面双目式螭龙纹

二是螭龙整个形象虽与万历朝螭龙纹相差无几，但同一器物上，有定性明确的清代纹饰符号。如黄花梨架子床腿上的"正面双目式"螭龙纹（图 6、7）。它的式样似乎不同于"侧身、单目、张嘴"之"康熙螭龙纹"，但在一床之上，共存较晚的图案，其年代已与"万历螭龙纹"无关。

历史旧式往往被传承或被复古，个别有早期特点的纹饰有时延续未断，表现出匠作中的偶然滞后和摹古，这是图案发展中常见的现象。

一个器物上如果有一组纹饰符号，其年份下限的确定，自然以其中那个有最晚期特点的符号为准，这是断代的基本方法。所以说，这类家具很明确，仍然为清早期以后制品。

二、明万历朝出土的柴木家具

当古典家具研究的触角深入到宋辽金时期，人们不难发现，在宋画中尤其是佛教题材的宋画中，可见某些家具雕饰形态已极繁复，有人说，宋代家具既有简洁朴实者，又有繁缛华丽的。后者尤其表现在寺院和皇家贵族用具上。但是，直接以宋元绘画说明晚明的家具形态，本身缺乏其间几百年的变迁、递进的细致过程。况且众多"宋元"画作的年代越来越多地被质疑，所以据此作推论，应该甚为小心，或干脆不用。

本书考察明晚期家具形态时，更多的是关注明晚期的各种出土家具（包括冥器）和各种明代万历、崇祯朝刻本（用雕版印刷方法印装的书籍）的图像资料。

上海、苏州地区出土过一些有明代确切纪年家具冥器，尤其以上海市潘惠、潘允徵、朱守诚墓和苏州市王锡爵墓的出土物为代表。这些家具多为榉木制作的冥器，只有朱守诚墓出土物中有个别的硬木实物。而明代刻本资料也应是反映当时柴木家具的式样。它们由于是当时家具中另一子文化系统产物，对于理解当时刚刚出现的硬木家具（即作为专门术语的"明式家具"）有一定意义，但不可机械地比对定论。

明晚期是一个特殊时期，此时期，硬木家具与柴木家具存在特殊的密切关系，故笔者姑且以明晚期明式家具的"亚标准器"看待这些柴木家具及图书图像。

明晚期出土的家具（包括冥器）和当时刻本上的一些家具图像形态光素简洁，与明式家具中最简约的实物对比，两者极其相近。如此，可以认定它们是根据当时人们日常使用的真实家具形态制作或绘制的。这些明万历朝的遗泽对理解明晚期硬木家具多有益处。

上海市卢湾区明万历朝潘允徵墓出土的冥器家具（图8）中，计有直牙头平头案、直牙头平头案式箱架、直牙头衣架、直牙头巾架、南官帽椅、圆角柜、直腿马蹄足榻、火盆架、衣箱。这些家具全部光素，形制极简洁。极为重要的是，它们与今天可见到的黄花梨家具实物形制相一致。

图8 明万历 潘允徵墓出土的冥器家具
（选自上海文管会：《上海市卢湾区明潘氏墓发掘简报》，《考古》1961年第8期）

潘允徵墓还出土了冥器拔步床（图9），特征如下：

1.门楣板上，镂挖海棠形鱼门洞，鱼门洞边缘起线。

2.后部为高束腰架子床，围子攒框，其内攒万字纹。直腿，内翻马蹄足，高度适中。

3.前围子攒框，上部为万字纹，下部为直牙板券口。地平有十二足。

4.高束腰。没有柱础。

江苏省苏州市明万历王锡爵墓出土的冥器榉木拔步床（图10）整体光素，形态特征如下：

1.拔步床门楣板上挖双如意纹式鱼门洞。横框为平头榫，床柱为尖头格肩榫。床围子攒框，与床柱相接，内攒万字纹。

图9　明万历　拔步床

（选自上海文管会：《上海市卢湾区明潘氏墓发掘简报》，《考古》1961年第8期）

图10　明万历　拔步床

（选自苏州市博物馆：《苏州虎丘王锡爵墓清理纪略》，《文物》1975年第3期）

2.各式牙板曲线也令人关注。地平的壶门牙板轮廓上，两旁各有一个牙纹修饰。明万历潘惠墓出土盝顶箱的底座上，壶门牙板曲线两边也是各有一个牙纹修饰。可知明万历时的壶门牙板存在一个牙纹（古家具行家称为"停顿"）的形态。此后，随着年代推移，牙纹由一而二、而三，逐渐增多，牙纹越多，年代也就越晚。

3.前面四柱有柱础。

4.架子床床盘高厚。

5.门楣子四框上出榫且露头。

以上这些都具有明晚期明式家具"亚标准器"的意义。

王锡爵墓中出土的柴木直牙头平头案（图11）、四出头官帽椅（图12）全部形态光素。但是，同墓中的柴木衣架（图13）搭脑出头有粗略的双重灵芝纹雕饰。中牌子上下框以飘肩榫与竖柱相交，框内镂万字纹。框下有角牙，站牙为多弯形分置左右。柴木洗脸盆架（图14）搭脑出头上也有粗略的双重灵芝纹雕饰，搭脑下两旁为倒宝瓶式挂牙，中牌子上有云纹。

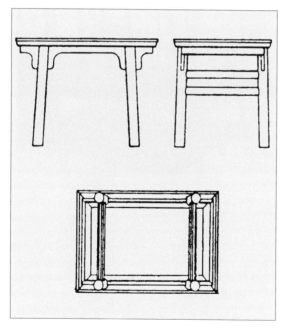

图11 明万历 直牙头平头案（三视图）

（选自苏州市博物馆：《苏州虎丘王锡爵墓清理纪略》，《文物》1975年第3期。

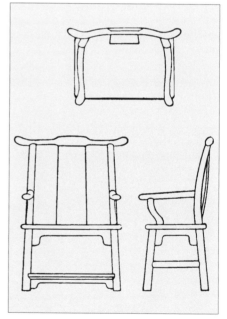

图12 明万历 四出头官帽椅（三视图）

（选自苏州市博物馆：《苏州虎丘王锡爵墓清理纪略》，《文物》1975年第3期。

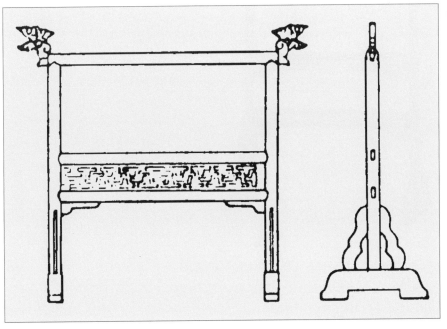

图 13　明万历　衣架（正侧视图）

（选自苏州市博物馆：《苏州虎丘王锡爵墓清理纪略》，《文物》1975 年第 3 期。

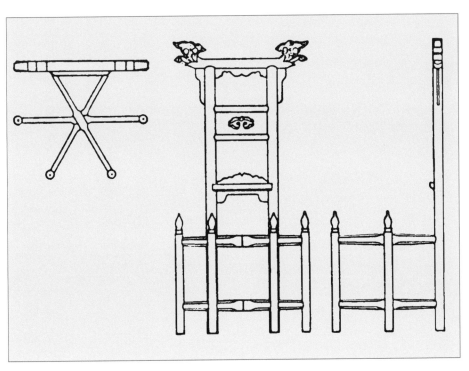

图 14　明万历　洗脸盆架（三视图）

（选自苏州市博物馆：《苏州虎丘王锡爵墓清理纪略》，《文物》1975 年第 3 期。

图 15　明万历　衣架
（选自上海文管会：《上海市卢湾区明潘氏墓发掘简报》，《考古》1961 年第 8 期）

明万历潘惠墓出土的柴木冥器衣架（图 15）、明成化李氏墓出土的柴木冥器衣架、上海明万历严氏墓出土的冥器衣架的搭脑出头上都有粗略的雕饰。这种共性须予以注意。另外，潘惠墓出土的柴木冥器衣架的坐墩上有抱鼓纹。

上述这些衣架、洗脸盆架的搭脑出头上有雕镂，有的简单，有的繁复，还有在下文可以看到的明万历草玄后刻本《仙媛纪事》版画插图上的衣架（见图 581）出头上、明万历（崇祯）[1] 的《鲁班经匠家镜》版画插图中的衣架（图 16）出头也都有形态特殊的雕饰。在这些明代的出土冥器和版画插图的家具图像上，衣架、毛巾架搭脑出头的些微雕饰变化都被表现出来，表明其写实度较大。衣架、毛巾架、镜架等陪嫁中最常用的家具是最早进入装饰形态的。在明晚期柴木家具中，衣架、毛巾架、镜架等器物的搭脑出头存在粗略的镂刻现象，但这种镂刻并不同于明式家具的浮雕或圆雕形态。它们与明式家具中衣架、毛巾架搭脑出头的形态无对应关系，亦难以此解读明式家具中的衣架和毛巾架。当时柴木家具和出版物上，简洁形态和略为繁复形态都存在，明式家具是否对柴木家具的各种款式都有仿作拷贝，当然不是。这里，"有无形态的对应关系"是一个重要的思考标准。

图 16　明万历（崇祯）《鲁班经匠家镜》版画插图中的衣架
（转自王世襄：《明式家具研究》，三联书店（香港）有限公司）

---

[1]　学界有两种观点，一是认为现存最早的《鲁班经匠家镜》是明万历朝刻印的，另一方认为它是崇祯朝刻印的。

三、明晚期刻本图书插图中的家具形态

明晚期，城市商品经济繁荣，市民阶层生活活跃，这些成为书业发展的催化剂。明万历朝是明代图书版画插图发展的重要时期，乃至在中国古代版画史上也可谓黄金时代。各种题材的版画涌现在大量的文学和各类专业的图书上。明万历年间，图书业以福建建阳、江苏金陵（南京）和苏州、安徽徽州、浙江杭州等地刻本最为著名。明万历年著名学者胡应麟说：

　　凡刻之地有三，吴也，越也，闽也，……其精吴为最，其多闽为最，越皆次之。[1]

嘉靖万历时，已经出现了批发、贩运图书的行业。嘉靖《建阳县志》载：

　　书坊街在崇化里，比屋皆鬻书籍，天下客商贩者如织，每月以一、六日集。[2]

明万历时期，出版业发达且竞争激烈，各种刻本上常常配置生动写实的人物版画插图，以招徕读者。此时写实的人物版画插图数量和质量进入历史的顶峰状态。

在明式家具的考察中，大量带有家具写实图像的明代刻本插图，自然会进入研究者的视野，这些有纪年的绘画对于界定明式家具的年代，尤其是其初始年代具有参考意义。明晚期刻本版画插图主要分为两类，一是《鲁班经匠家镜》《养正图解》《三才图会》等专业类、知识类图书，二是《红梨记》《水浒传》《金瓶梅词话》《金钗记》等小说。这些刻本版画插图表现了鲜活的生活场景，家具形象基本是写实性的、忠实生活原型的。这些版画插图可认为是对柴木家具的记录。

明式家具在明嘉靖末年、万历年间方渐行于世。初始时期，硬木家具是由柴木家具的制作高手制作的，自然明式家具仿制、拷贝了此时的柴木家具式样。但仅是仿制其中简洁的式样，在明万历朝前后，两者形态存在交叉、重叠，有很强的一致性。所以，明万历时期的写实图像形态，对理解早期明式家具式样至关重要。

在本书中，笔者撷取了大量刻本中简洁的、有对应性的家具图像，作为对明万历家具形态的对比资料。主要有：明万历（崇祯）午荣编《鲁班经匠家镜》中的霸王枨条桌、闷户橱（见图438）、明万历《双鱼记》版画插图中直牙头食案（图17）、明万历王圻《三才图会》中的各种光素椅子（图18）、明万历《重校荆钗记》中的四面平桌和多足榻（见图473）、明万历《养正图解》中云纹牙头画案（见图70）、明万历《荆钗记》中的直牙头平头案（见图38）、明万历《屠赤水批评荆钗记》、明万历《牡丹亭还魂记》中的四面平条桌（见图46、图133）、明崇祯《金瓶梅词语》中的一腿三牙方桌（见图141）、明万历（崇祯）

1 （明）胡应麟：《少室山房笔丛》"甲部"卷四，中华书局，1958年。

2 ［嘉靖］《建阳县志》。

图 17 明万历 《双鱼记》版画插图中的直牙头食案

（傅惜华：《中国古典文学版画选集》，上海人民美术出版社）

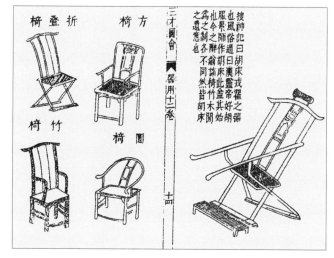

图 18 明万历 王圻《三才图会》版画插图中的各种光素椅子

（［万历］王圻：《三才图会》，广陵古籍刻印社）

《鲁班经匠家镜》中的交椅（见图 254）、明万历《红梨记》中三段式靠背板四出头官帽椅（见图 286）、明万历《屠赤水批评荆钗记》中的架格式书架（见图 424）、明万历《玉露音》中的四面平榻（见图 466）等。

这些家具资料给人的感觉是当时的家具形态是极为光素简洁的，它们与明式家具中某些光素简洁的实物可以对应，形态基本一致。

在时间维度上，明式家具渐行于万历朝间。对那些可以与明万历出版物上图像互读、形态一致的明式家具，再结合古典家具实物的各种知识积累，可以考虑它们是否是明晚期作品。

明万历的出版业空前发达，其版画插图嘉惠我们今天研究明式家具，这似乎是偶然的幸运。实际上，明晚期刻本业的发达和明式家具的兴起是有必然联系的，是同样的土壤中成长的经济产物和文化作品。没有这块土壤，晚明的许多物质和人文的故事就会是乌有的。

在对硬木家具和绘画中的柴木家具进行形态比较中，有两个特点需要说明。

1. 许多柴木家具式样往往早于黄花梨家具，有的可以早到宋代，如直牙头（俗称"刀子牙板"）平头案。宋元明历代绘画中，这类"刀子牙板"的平头案图像屡见不鲜。五代（一说南宋）《韩熙载夜宴图》（图 19）、北宋佚名《槐荫消夏图》（图 20）、南宋刘松年《撵茶图》（图 21）中均有此类刀子牙板平头案。

2. 明晚期以后，柴木家具式样往往落后于硬木明式家具。明晚期黄花梨家具出现时，学习效仿了柴木家具。由于贵重材质家具对工匠技艺有更高的要求，明式家具本身成为匠师们创新施艺对象，人们要努力地在其身上展示更新的形式、更新的设计，这就促使大量的明式家具比一般柴木家具的面貌更快地变化。岁月交替，具有时尚性的硬木家具不断对旧式样进行改造、发展，新式样出现并流行。而众多的柴木家具稳定性极大，传统款式长期流传。有的式样到民国基本未变，如直牙头平头案、四面平桌等。可以说，硬木家具与漆柴木家具是一个母文化系统中的两个子文化产物，是两个发展链。所以，两者发展的步骤是不一样的。

硬木家具由于自身奢侈品的时尚性特点，其发展按自身轨迹快步而行。斗转星移，在明万历朝以后，各类别的硬木家具不同于稳定的柴木家具，快速地出现了变异。在形态上，硬木家具与柴木家具逐渐分道扬镳，成为两条路上跑的车，式样区别逐渐拉大。

以上所云有两个意思，一是如拿到一张宋画，其上图像款式若与某黄花梨家具实例基本相同，自然不能把该黄花梨家具视为宋作。同理，见到清末民初绘画上的家具（包括此时期柴木实物）与某件黄花梨家具造型大致相同，指此件黄花梨家具为清末民初制品当然也是刻舟求剑。

某时期绘画上的家具（或柴木家具实物）有某种款式，不一定同式的黄花梨家具就可以认定是这一时期的产物。总之，使用历代绘画与明式家具形态比较，应注意几点：

1. 以黄花梨木材为主的明式家具在明嘉靖、万历年发生、发展，并对当时柴木家具进行了仿制。或者说当时的硬木家具成为社会上层青睐之物后，制作硬木家具最早一批的木匠就是当时的柴木家具木匠。如此，明式家具和柴木家具两者在明嘉靖、万历朝前后式样自然一样。也就是说，在明晚期，明式家具和柴木家具形态存在同一性。

图 19　五代　顾闳中《韩熙载夜宴图》中的直牙头平头案和围屏床

（故宫博物院藏）

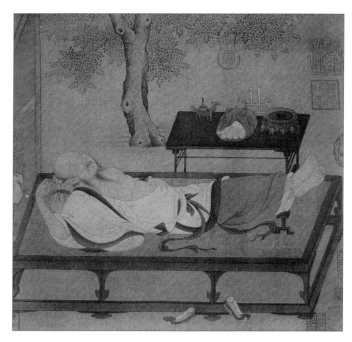

图 20　北宋　《槐荫消夏图》中的直牙头平头案

（故宫博物院藏）

图 21　南宋　刘松年《撵茶图》中的直牙头平头案

（台北故宫博物院藏）

　　2.有明确纪年的明清绘画上的家具图像，只对同款式、有对应关系的明代家具年代上限的认定有参考意义。但其时间确认，最早不能早于明嘉靖、万历朝。

　　3.在同一文化系统链条上的工艺品年代可以互相比较。器型相同者为同一时期产物，差异越大者，年代距离越远。硬木家具和柴木家具（包括古画上的柴木家具）本非同种物质文化系统，非同一文化链条。硬木家具上限年份的准确判定，最终依赖于有明确纪年的硬木家具出土物。作为"亚标准器"的绘画资料和柴木资料，只能一定程度地帮助我们。

将明万历朝出土的柴木家具和明万历朝刻本上的家具图像作为"亚标准器"，与硬木家具和柴木家具进行比较，是有"此时期"的特殊性。在其他时期，这种方法则不可以使用。

4.明晚期（明万历年间）的一些刻本版画插图的家具图像上，有某些家具形态在明式家具实物中是没有的。一是当时柴木家具上的确存在某种形态，而硬木家具上没有出现这种形态。如明万历刻本《五方唐诗画谱》版画插图中的尖牙云纹三弯腿榻（图22）、明万历刻本《鼎新图像虫经》版画插图中的尖牙云纹式直腿地桌（图23），它们腿足看起来挺美，在明晚期出土物中也有形态相近物，如上海市宝山区明成化墓出土的楠木三围子罗汉床（图24）。这种式样，在漆木、柴木家具上可行，但其过于耗费材料，硬木家具中则无相同者。还有，当时个别图像可能存在绘画者的某些想象和美化。如明万历《全像标注音释琵琶记》版画插图中的四出头官帽椅（图25）。

古籍插图上个别衣架、镜架等搭脑出头处存在粗略的镂刻，与明式家具上的精雕细刻的图案没有对应关系，不能作为明式家具年代的断定绝对标准。

黄花梨家具最初仿制了柴木家具上最简单的式样，而排斥了那些偶见的繁复一些的款式，这是由许多资深行家经验证实的。行家们将式样、皮壳、磨损、披麻挂灰等要素联系在一起，判定家具年代的早或晚。

5.有明确纪年的出土物和有明确无疑年款的传世器物才能叫标准器（标型器）。所有的标准器只在同质器物类中才有标准器意义。其他相关的近似资料，如历史图像上的家具、出土的柴木家具，如果在考证以后，认定它们是写实的或实物仿制品，即便有重要的年代

图22　明万历　《五方唐诗画谱》中的尖牙云纹三弯腿榻

（转自王正书：《明清家具鉴定》，上海书店出版社）

·33·

图25 明万历 《全像标注音释琵琶记》 版画插图中的四出头官帽椅

图23 明万历 《鼎新图像虫经》插图中的尖牙云纹式直腿地桌
（转自王世襄：《明式家具萃珍》，上海人民出版社）

图24 明成化
楠木三围子罗汉床
（选自王正书：《明清家具鉴定》，
上海书店出版社）

参考价值，对于硬木家具也只是叫做"亚标准器"。如视其为"标准器"使用，一定要谨慎地做许多规定，要有许多限制。它们不是严格意义的标准器，使用时一定还要格外小心，因为它们毕竟不是有明确纪年的硬木家具。

　　按照考古学规范，某种器物、纹饰或者某种工艺出现的上限年代的确定，是以有明确纪年的最早实物为标准。这个纪年物就成为最早的标准器。其他文献所云之物以及各种丰富的推想在标准器概念面前，可信度均黯然失色。以往主张明代家具已有图案雕饰者，未有过过硬的实物举证和论证。而现在更多的研究者，在确定某件明式家具年份是否到明代时越来越审慎。

四、清康熙朝硬木家具的标准器

故宫博物院藏紫檀云龙寿字纹大围屏为清康熙帝60岁万寿节的寿礼，有十六扇为其十六个皇子进奉，另外十六扇为其三十二个皇孙所献。这个与康熙帝祖孙三代相关的祝寿大礼，鸿篇巨制，纪年准确，具多方面意义。

此大围屏显示了康熙晚期的纹饰特色：大围屏裙板上的五爪云龙纹（图26）为康熙朝木器上云龙纹最有说服力的标准器，是确认云龙纹出现年份的利器。可以说明式家具上的所有云龙纹图案的最上限可以以此器年代为准，即按照学理观点，所有带云龙纹的家具年代不应早于清康熙五十二年，除非有新的有确切年代的家具被发掘出来。康熙帝60岁时为康熙五十二年（1713年）。

其螭龙纹形态多样，围屏框上，饰嵌螺钿多草叶式螭龙纹（图26-1），螭龙纹侧面独目，张口长啸，尾部、爪部均严重草叶化。整体形态为"多草叶草龙状"组合。另一例嵌螺钿的蝙蝠螭龙纹（图26-2）上，以蝙蝠纹代替螭首，螭首处为蝙蝠纹，成为变体螭龙纹，为明式家具中仅见个例。足间角牙为罩漆髹金透雕团式螭龙纹（图26-3），螭龙为侧面，独目瞪视，长吻大口，无肢无爪，整体呈团龙状。

从类型学角度推理看，这些螭龙纹都已变异极大，围屏上其他的纹饰亦繁花乱眼，呈极盛之势。明式家具雕刻装饰此时进入顶峰状态。可以推断，康熙朝末期的螭龙纹形态发展、演变已久，离最早的"侧面、独目"的原型已相去甚远。那么，此时的图案雕刻工艺也发展已久。由于没有更早的雕刻图案标准器，保守地前推，笔者认为康熙初年应出现了图案雕刻。

当螭龙纹要大面积地装饰于木器上，侧面、独目的螭龙纹刚好比正面、兽身的螭龙有更多的优势。侧面螭龙图案收放自如，便于构件空间的布局。从美感角度看，这类雕刻形象更强烈、更炫目、更华丽。

图 26-1　紫檀大围屏边框上的多草叶式螭龙纹

图 26-2　紫檀大围屏边框上的蝙蝠螭龙纹

图 26-3　紫檀大围屏足间角牙上的团式螭龙纹

图 26　清康熙　紫檀大围屏裙板上的云龙寿字纹

（故宫博物院藏）

图26-4 紫檀大围屏裙板上
的美术体团形寿字纹

图26-5 紫檀大围屏裙板上
的美术体香炉形寿字纹

此时的螭龙纹图案表明，当时一种螭龙纹保持螭首，身尾变化多样，充分的图案化。还有的螭龙身尾保留一般图案化螭身形态，但龙首已变成其他图案，如蝙蝠。此后有的明式家具的纹饰进一步发展，出现了根本就无龙首的螭龙纹，可称为螭尾纹。

裙板上嵌大量美术体圆形寿字纹（图26-4），还有双云龙龙首相拱的美术体香炉形寿字纹（图26-5），这表明这两种寿字纹的年代上限可以提到康熙五十二年。美术体团形寿字纹和美术体香炉形寿字，不同于明式家具上螭龙体寿字。美术体团形寿字纹和美术体香炉形寿字应是螭龙体寿字的演变之物。美术体香炉形寿字也呈现螭龙体寿纹向长方形美术体寿字纹的过渡形态。

以往的观点认为，圆形寿字纹为清中期产物，但此大围屏上大量的圆形寿字纹修正了这种观点。这些近长方形香炉寿字纹和圆形团寿字纹具有类型学意义。

裙板上云龙纹四周有如意流云纹，如此，明清家具上的流云纹的上限可视为康熙五十二年（1713年）。

由嵌螺钿螭身蝙蝠头纹、团寿纹之间绘有的流云纹和蝙蝠纹（图26-6），可见清早期末段，家具纹饰上以蝙蝠纹谐音取福的习俗已形成。行业内资深人士认为，蝙蝠纹多出现在广式家具上。那么，此件大围屏有很大可能是广东地区生产的。

在康熙五十二年（1713年），最顶级家具上的螭龙纹面貌为装饰化极强的多卷草叶式，全身草叶蔓转，圆润婀娜。

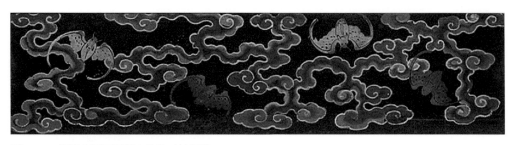

图26-6 紫檀大围屏裙板上的流云蝙蝠纹

结合其他资料，可知，此屏风上的螭龙纹避开了拐子纹一路，只取草龙式一脉纹样发展，以后还继续延续，至清乾隆朝不绝。但是，恰恰在康熙晚年，方折化拐子螭龙纹也出现了，这在故宫博物院藏《十二美人图》中的家具图像上可见。此时期螭龙纹的发展脉络，已呈现出多草叶式和拐子式两条发展轨迹。

螭龙纹出现于宫廷重器上，与五爪正龙、行龙共存一体，虽然只是作为足间的角牙和边框装饰，但是它表明在清早期广泛使用于民间的苍龙教子纹饰也会显现于皇家贡品上。

有清一代，宫廷家具的制作基本由皇宫禁苑外完成，社会上流行的图案也必然成为行走于庙堂与江湖间的装饰符号，民间风尚和精品流入宫掖之内是基本趋势。

螭龙侧身化的变革，吸收了先秦以来龙图案的侧面形象。这也再一次体现了中国古代工艺品造型、装饰发展的一大特点，就是每每大发展的前行中，一定会回首过去，从历史积累中汲取养分，寻求突破和发展。宋明对先秦两汉文物的复古沉迷，清人对先秦至宋代器物的再发掘都表明了这一点。

这套紫檀大围屏表明，清康熙五十二年（1713年）时，紫檀家具已繁华绚丽，错彩镂金，多种工艺并存于一器之上。此时家具制作已达到明式家具的顶峰水平，并开清式家具之先河。

紫檀大围屏上的各类纹饰令人明确感到康熙五十年前后，新的面孔已经出现，清式家具扑面而来。康熙五十二年，也作为本书分期中的清早中期开始之年。

这件至尊至贵的万寿节礼物是当时匠作的杰出设计与技艺成果。它表明康熙末年，社会的家具材质观更为推崇紫檀。康熙万寿节上，皇家贵胄最贵重的祝寿大礼不是金器、铜器、珐琅器、玉器、瓷器，而是紫檀器，足以说明这种大型紫檀家具是各类艺术品中的重中之重。清中期，乾隆朝国力强盛，整个社会上层疯狂钟情于紫檀木。紫檀大围屏已拉开了这台紫檀财富大戏的华贵序幕。

这件康熙晚年皇家重器，仅断代价值，即为旷世奇珍，不可多得。它与本书开卷所述第一例之明万历朝紫檀砚屏，各为当时的标准器，交映成辉。这组器物成为本书纹饰论点的重要实证。

考察有年代意义的标准器，重点是看它是否提供了不同以往的器型和纹饰，是否提供了某类器物形态的年代上限。那些有纪年的家具因为提供了某类器物器型和纹饰的年代上限而卓有价值。当然如果某个器物提供了某类器物器型和纹饰的年代下限也有价值，但无疑意义较小，仅是可与年代上限结合起来，明确某类器物器型和纹饰制作的时间跨度。

实证和推理是科学研究的两大法则，笔者以明万历朝、明崇祯朝、清康熙朝标准器以及众多的"亚标准器"得出大致的断代坐标。以此为参考，再对某些年代标识模糊的器物进行反观，合乎某时期基本特征者便归类在某时期。在充分考虑各种变化参数的基础上，对各类明式家具进行类型学的器物排队，进而对每个器物进行断代。

五、《十二美人图》中的硬木家具形态

清康熙四十八年（1709年），康熙帝第四子胤禛被封为和硕雍亲王。同年，康熙帝将北京西北郊畅春园北一里许的一座园林赐给胤禛，并亲题园额"圆明园"。胤禛就是后来的雍正皇帝，他笃信佛教，"圆明居士"是他在皇子时期一直使用的佛号。康熙皇帝亲题"圆明园"，正是取意于其佛号"圆明"。1722年，和硕雍亲王结束了潜邸岁月，继承大位，为雍正皇帝。

故宫博物院藏《十二美人图》绢画，共十二幅，每幅均纵184厘米，横98厘米，原本是和硕雍亲王府圆明园深柳读书堂多扇围屏的屏面，该画亦名为"雍亲王题书堂深居图"，所画应是圆明园实景。

其第十幅画中，背后有一幅行草体七言诗挂轴，上有"破尘居士"落款（图27）。破尘居士为雍亲王自取的雅号，表示自己不问尘世功名利禄的志趣。破尘居士落款又为胤禛的亲笔书法。它作为人物的背景装饰出现在图中，与画面浑然一体。另外，画中还钤有"壶中天""圆明主人"两方小印，"壶中天"同"圆明主人"一样，都是雍亲王登基以前所用的名号。两方印不是画上的，而是直接盖上的。

雍正十年（1732年），围屏上的十二幅美人图画被拆换下来，雍正皇帝又作上谕。档案中记载：

雍正十年八月廿二日，据圆明园来帖，内称：司库常保持出由圆明园深柳读书堂围屏上拆下美人绢画十二张，说太监沧州传旨：着垫纸衬平，各配作卷杆。钦此。[1]

这些题字、钤印和雍正帝上谕史料表明了画作与雍正帝的密切关系，提供了明确的时间点。同时这种对画作尽善尽美的苛求，也反映了雍亲王对此十二幅画创作的重视和喜爱。

十二幅画分别描绘十二位仕女高贵典雅的闲适生活情景，逼真地再现了康熙后期清宫女子面貌、衣冠、首饰，以及家具、古董清玩和自然园林景致。它自身丰富的信息量，让专业治史者从各个角度进行探讨，各界各取所需，而古家具研究者对此当然也不会入宝室而空手归。

此套图屏是研究当时家具形态的真实形象史料，几十件家具绘制形态逼真，用色丰富艳丽。在十二个画面中，色彩斑斓的漆木家具比比皆是，而硬木家具仅占其中极少的部分。康熙晚期，在亲王府中，色彩缤纷而式样多姿的漆木家具，仍是家具的主体。

从研究硬木家具角度考察这些图像，其中大漆彩绘家具和竹制家具当然可以忽略，就是某些黄花梨家具和紫檀家具，如第八图上的黄花梨南官帽椅和第十一图左边上置一珐琅

1　转自朱家溍：《故宫退食录》页66，北京出版社，1999年。

图 27　清康熙《十二美人图》第十幅画中的『破尘居士』题字
（故宫博物院藏）

座钟的紫檀四面平香几，因没有提供这类家具的年代上限信息，在此可以忽略。

从寻找有年代意义的标准器的思路来讲，考察的重点是看哪件家具提供了不同以往的器形和纹饰，哪件家具提供了某类器物形态的年代上限。古代画作中写实图像只有提供了某类器物器形和纹饰的年代上限，才会有较大的年代意义。这也是观察《十二美人图》的一个指导思想。那些有纪年的图像因为提供了某类器物器形和纹饰的年代上限而卓有价值。但因其为画作，非为家具实物，也仅可以"亚标准器"视之。

《十二美人图》第一幅画中有黄花梨拐子纹角牙方桌（图28），从木纹纹理和设色颜色分析，应为黄花梨所制，形态为攒框嵌大理石桌面，桌面面沿平直，矮束腰，直腿内翻马蹄足。枨上置双卡子花两组，双卡子花中间稍有缝隙。最可重视的是横枨两端为攒拐子角牙。这为此类角牙、平直面沿器物的制作的上限年代提供了题解。

《十二美人图》第二幅中紫檀拐子纹罗汉床（图29），即仕女所坐的有束腰方马蹄足罗汉床，木质纹理和黑红色应为紫檀材质，其式样不同于传统明式家具的罗汉床。

一是腿足上不同于一般传统式样的内翻马蹄足，足内边缘为起戟式，以拐子纹与宽皮条线相连，足底有托泥。

二是牙板为变异的洼堂肚式，上饰一对拐子纹，应为传统对头形式螭龙纹的简化演变形式，其与宽皮条相连，与腿足交圈。

三是床围子各自攒框装大理石板，床后为紫檀座屏，屏心为百寿图，可以了解此时寿字纹的各种形态。

《十二美人图》第四幅画中有黄花梨拐子纹方桌（图30），为大理石面，边抹面沿竖直，矮束腰，直腿，直枨上攒拐子纹装饰。仕女身后有一木几，上置钟表，此几为四面平形制，边抹下有挡板，上开长鱼门洞，其下形态似三面牙条券口，又似牙板两旁有牙头。牙板曲线为分心花变体，竖牙板底端接近腿中，亦突起如卷钩纹，横竖牙板上均有明显线腿装饰。

《十二美人图》第十幅画中有黄花梨多宝格（图31），其材质色彩不同于各色漆木家具，应为黄花梨，其上横竖格已把架子分割成大小不一的空间，有正方、扁横方、竖长方。同时各小格边沿以变异的拐子螭龙纹作为圈口装饰，拐子圈口的材质则为黄杨木。传统的明式家具中的架格此时已有彻底变化，为多宝格样式，其上陈设古器珍玩。左上角的第三格紫檀嵌玉插屏形态，尤其与明式家具的插屏大相径庭。多宝格以攒花牙做圈口，离开此画的背景时，人们一般会认为这是清中期的范式，但它真切地就是康熙晚年之作。

《十二美人图》写实描绘了硬木家具的图像，为理解清早中期清式家具的出现以及明式家具末期的发展，提供了更多的辅证和线索。

图 28　清康熙《十二美人图》第一幅中的黄花梨拐子纹角牙方桌
（故宫博物院藏）

图 29　清康熙《十二美人图》第二幅中的紫檀拐子纹罗汉床
（故宫博物院藏）

侍春風半懶
時一種心情黄消
道湘編欲展又
凝思　秦氏章

图 30　清康熙《十二美人图》第四幅中的黄花梨拐子纹方桌

（故宫博物院藏）

图 31　清康熙《十二美人图》第十幅中的黄花梨多宝格

（故宫博物院藏）

第二章 案类

具体梳理起来，明式家具中的案类可以分为夹头榫案式、插肩榫案式、齐肩榫案式、无牙板案式、架几案式、炕案式。

一、夹头榫案式

夹头榫案是明式家具案子中最常见的案子式样，结构科学，制作方便，可分为直牙头型、直牙头螭凤纹型、直牙头（螭凤纹）托泥型、卷云纹牙头型、钩云纹牙头型。

（一）光素直牙头型

1. 黄花梨直牙头平头案

黄花梨直牙头平头案（图32）桌面攒框，边抹用材宽大。独木桌面，因风化失水而有严重龟裂，一派沧桑之貌。冰盘沿，左右案面探出牙板横堵头的距离颇大，这也是此案的一大特色。

图32　明晚期　黄花梨直牙头平头案
长99厘米　宽46厘米　高77厘米
（广东留余斋藏）

图 32-1　黄花梨平头案一木连做的牙板牙头

直牙板与直牙头一木连做（图 32-1），牙头瘦窄，上下曲线圆润柔美。圆腿夹头榫，前后腿间双枨，俗称"梯子枨"。足端磨损严重，已呈不规则尖状。

其整体形态简洁，面心独板，牙板牙头一木挖成，不起线装饰，总高度仅 77 厘米，这些要素是判定其年份早的观察点。

此类直牙头直牙板平头案俗称"刀子牙板平头案"。

2. 黄花梨直牙头直牙板平头案

黄花梨直牙头直牙板平头案（图33）原始皮壳，整体保养良好。在制作上，它有一系列的优点：面板上嵌瘿木板（图33-1），四角圆润。为了瘿木板的坚固，面板使用了"外窄内宽"的边框，此做法又称为"隐边""明窄暗宽"，其作用是四面边框内端宽出，宽出的部分可以大面积地衬托瘿木板。此外，为进一步加强瘿木板的牢固性，内底的横穿带之外，两头还使用了竖穿带。

图33 明末清初 黄花梨直牙头直牙板平头案

长 88 厘米 宽 57.5 厘米 高 78 厘米

（中贸圣佳国际拍卖有限公司，2018 年春季）

图 33-1　黄花梨平头案面板上的瘿木板

瘿木板结构密度不如木板，故如此用心的设计，保证了案面至今完好无损。

牙板和牙头为一木连做，这是早期案子用料的常见方法，加之案高 78 厘米，偏矮之身为岁月长期磨损足底之故。这两点让人们可以推断此案年代偏早。

牙板牙头上下拐弯处圆角优美，曲线一致，上下呼应。边缘的灯草线极细，地子铲得平缓，视觉上出挑醒目。这种灯草线极美而少见，但也表明此案年代要晚于上例平头案。

四边牙板相接处（图 33-2）以圆角相交，做法极考究。且有销钉锁死，可见为求坚固，工匠用心良苦。侧面第二根直枨下使用垫榫，类似规范霸王枨下勾挂榫，亦可进一步加牢案体。

整体视觉效果上，边抹面沿和四腿较粗厚，牙板牙头较窄薄，形成微妙的对比。

图 33-2　黄花梨平头案四边牙板的圆角相交处

3. 黄花梨直牙头平头案

黄花梨直牙头平头案（图 34）案面由大边和抹头攒框而成，打槽镶桦木面心，牙头与牙板两木水平相接，而且无任何起线装饰。腿足磨损严重，高仅为 76 厘米。这些为早期明式家具特征。

南北方行家共同认为，一般来说，牙头与牙板一木连做的案子年代较早。究其原因，是自宋代以来至明代，柴木案子多取牙头牙板一木连做形式，早期黄花梨平头案也带有柴木直牙头平头案的这种特征。后来，因一木连做的做法过于耗费材料，便有了以牙头与牙板两木水平相接的做法。

侧面有两条直枨。案子四腿上端内收，下端外撇，称为"侧脚"或"有挓度"。其正面（图 34-1）和侧面（图 34-2）均有挓度，称为"四脚八挓"。北方匠师称案子正面有挓度为"跑马挓"、侧面有挓度为"骑马挓"。一般而言，在各类大小案子上，两腿上端之间的距离与腿下端的距离之差是有一定之规的。案子

图 34　明晚期—明末清初　黄花梨直牙头平头案
长 79.5 厘米　宽 57 厘米　高 76 厘米
（选自宋捷：《湖州市博物馆藏明清古典家具》，河北教育出版社）

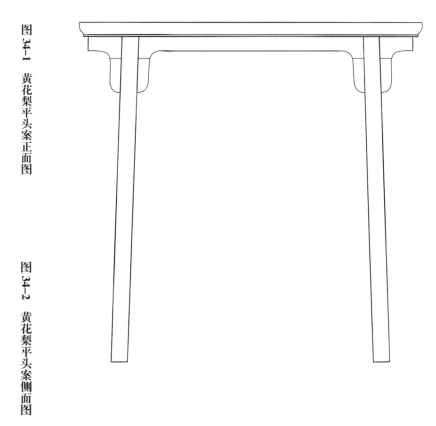

图34-1　黄花梨平头案正面图

图34-2　黄花梨平头案侧面图

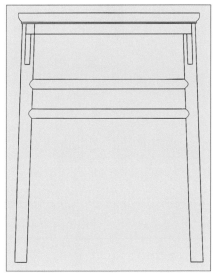

越长，上腿间与下腿间的尺寸之差越小，小案子上腿间与下腿间的尺寸之差反倒大。一米长左右的案子两腿下端间尺寸要大于上端间尺寸七厘米左右，而二三米案子，上腿间与下腿间的尺寸之差则在四五厘米之间。这些规律性的数据可称为是明式家具的黄金尺度。器物腿部有挓，给人一种稳定而优雅的感受。

此类器物是"刀子牙板平头案"的一种标准式样，但不能因此说它是"标准器"。"标准器"一词是专有学术名词，又称为标型器，一般是指有确切纪年的器物。这种标准式样不妨称之为"典型器"。

包括案子在内的有明确纪年的明晚期明式家具实物阙如，但是历史老人还是留下了另外的一些线索，留下了找到明晚期家具式样的一

图 35　明万历　直牙头平头案

（上海文管会：《上海市卢湾区明潘氏墓发掘简报》，《考古》1961年第 8 期）

种参考，它们是什么呢？答案是出土文物和明万历的大量的出版物的图像。

　　考古出土的明万历时期有明确纪年的柴木家具或冥器，就可以当做明万历或者说是明晚期的硬木家具式样的参考标本。

　　通过明万历出土的柴木家具中的直牙头平头案和明万历刻本插图上的直牙头平头案图像，可以确认明晚期明式家具直牙头平头案的式样。

　　这种出土物有上海市宝山区明潘允徵墓出土的直牙头平头案（图 35）和直牙头箱案托（图 36）[1]、江苏省苏州市明万历王锡爵墓出土的直牙头平头案（图 37）。[2] 它们均为随葬冥器，柴木制作，四腿外挓，前后腿间为双横枨。其直牙头与直牙板为一木连做。所以，对于黄花梨平头案中罕见的直牙头与直牙板一木连做者，一般认为年代极早，处于尚未完全脱离仿柴木平头案状态。

　　在上海市明成化李姓墓、明万历严姓墓中，均出土了直牙板式食案和条凳。

　　明晚期社会繁荣的另一个表现是出版业发达，人人都可

图 36　明万历　直牙头箱案托

（上海文管会：《上海市卢湾区明潘氏墓发掘简报》，《考古》，1961 年第 8 期）

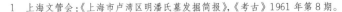

1　上海文管会：《上海市卢湾区明潘氏墓发掘简报》，《考古》1961 年第 8 期。
2　苏州市博物馆：《苏州虎丘王锡爵墓清理纪略》，《文物》1975 年第 3 期。

图 37　明万历　直牙头平头案

（选自苏州市博物馆：《苏州虎丘王锡爵墓清理纪略》，《文物》1975 年第 3 期）

图 38　明万历　《荆钗记》版画插图中的直牙头平头案

以出版图书，而且许多图书带有插图以加强竞争力。这些图书中有为数颇多的家具写实图像。如明万历《荆钗记》版画插图中的直牙头平头案（图 38）。

从实物观察，一些简洁光素的明式硬木家具实物与出土的明万历家具（含冥器）和明万历刻本版画插图上的家具图像对比，式样重合。因此，后两者对这些明式硬木家具的年份上限确认有重要的参考作用，可信度很大。但是，柴木家具毕竟不是真正的硬木明式家具，不妨以"亚标准器"来看待它们。

当时，海外贵重木材长途运输而来，豪门大户不惜重金找人生产制作。谁人胜任呢？当然就是原来从事柴木制作手艺最高级的工匠来制作。于是，明万历时期的硬木家具跟柴木家具样式基本就是相同的。

考古类型学强调以地层学依据作为时代大坐标，明式家具的地层学无从谈起，但是经过限定、考证的柴木家具和有纪年的刻本上的家具图像，则具有一定的时代坐标意义。

柴木家具的直牙头条案由宋代至民国一直存在，属于柴木家具中"稳定型"一脉，几百年变化极小，具体年代要具体分析。

4. 黄花梨绿石板平头案

　　黄花梨绿石板平头案（图39）案面攒框，中嵌绿石板（图39-1）。绿石黄木，当时会是绚丽的色彩对比，而今石板沧桑斑驳，仍完好如初，洵为难得。直牙头与直牙板平接（图39-2），牙头上下曲线柔和。四腿较粗，应是与绿石板的压力相关连。前后腿间置双枨。总高78厘米，偏矮，为长期磨损所致。

　　此案形态无任何装饰，足端磨损严重，这些特征表明其年代偏早。

图39-1　黄花梨平头案案面上的绿石板

图39　明晚期－明末清初　黄花梨绿石板平头案

长105厘米　宽73厘米　高78厘米

（广东留余斋藏）

图 39-2 黄花梨平头案平接的牙板和牙头

5.黄花梨直牙头平头案

黄花梨直牙头平头案（图40）牙头与牙板45°角（格角）交接（图40-1），相对于牙头与牙板上下平接的形式（见图39），这是晚出的式样。45°交接的牙头背面以榫头纳入牙板后部和大边，结构上下左右互相制约，复杂牢固，难以脱落。这种进步意味着年代较晚。侧面（图40-2）两条横枨（"梯子枨"）为竖扁圆形，这是规范"梯子枨"的做法。

此黄花梨直牙头平头案器形规整，结构科学，边抹、牙板、牙头、圆腿各部分比例合理，皮壳风化自然，是历经数百年的"干皮壳"。其高度仅为76厘米，亦是数百年磨损的结果。设想制作当初高度若是高82厘米，现在已经磨掉6厘米。

图40 明末清初 黄花梨直牙头平头案

长95厘米 宽60厘米 高74厘米

（上海私人藏）

图 40—1 黄花梨平头案 45°角
交接的牙板与牙头

图 40—2 黄花梨平头案的侧面

据资深行家讲，像本黄花梨直牙头平头案这种"尖状"残足，表明它长期使用于南方，"尖足"家具一般发现于南方。

而如果黄花梨案子足部泛白、足端最下面直径与整个腿足直径又基本相等，表明此案长期使用于北方。如黄花梨直牙头平头案（见图42），它的糟朽表现在腿底中间的糟烂，与"尖足"黄花梨平头案的足状形成对比。

家具在岁月长河中，腿足磨损是一定的。但是它在一个时间周期内，会磨去多少是不一定的，每个器物有每个器物的具体保存情况。总的来说，在同一时间段上，家具使用于南方潮湿之地，腿足磨损程度一定是大于北方的器物。这是不言而喻的。

略有磨损的、比较完整的足脚，其年代一定是偏晚的。没有强烈磨损的、或是器物偏高的家具，年代一定是不到明代的。但是，并非所有足端磨损强烈的家具年代就极早。

器形、结构、皮壳、磨损、漆灰，是判断器物年代的要素。经手过大量实物的古家具行家高手会综合以上几种情况进行大数据性的年代断判，只是没有人明确地把这种经验公开出来。而伴随着这一代人的老去，这种经验会消失在未来中。

以上每个要素的运用要具体结合另外的其他要素。如式样、结构形态的原初性、皮壳风化程度、自然磨损、披麻挂灰情况，几方面综合为佳，见一端而定论则容易偏颇。

资深行家们将家具皮壳形态、家具式样、结构榫卯变化、磨损程度、漆灰等要素结合后，又大致会单独梳理出不同家具上、不同皮壳状态的年代特征。虽然不同的使用环境中，皮壳千变万化，但终究是有一定之规可以摸索，但这套方法在打磨过的家具上自然是无用武之地了。

欧美人士在收藏使用古旧家具前，要经过专业人员打磨和修整，使陈旧不洁的居家用品面目一新，里面尽量不打磨（也有大量里面也磨新的）。但此种处理不可避免地会伤及皮肉，再细微的物理性磨损，其实都是伤害。上世纪八九十年代，大量明式家具流失海外，都遭到一样的"礼遇"。家具买到家，便推出"洗皮"。明式家具遭磨洗有如此几种原因：

1. 西人有打磨旧家具传统。

2. 许多藏家是收藏兼实用，每日肌肤相亲，要求绝对干净。

3.当初购买这种家具，成本极低。在东西方的两种收入框架下，家具像柴火一样买，待之心态就太不一样了。

强大的现实与历史的惯性，造就了欧美人士收藏的大量明式家具皮壳往往受损，这是必须正视的现实。其是非价值如何呢？举三个其他例子说明。

其一，上世纪50年代，被誉为"世界上现存最古老的一座石拱桥"赵州桥损坏严重，在梁思成等建筑师的呼吁请求下，1956年，有关部门下令进行维修。但是本应做修葺变成为彻底的内外翻新，而且大部分旧石料被弃。梁思成闻讯，痛心疾首。1963年，他极为克制地指责道：

> 但直至今天，我还是认为把一座古文物建筑修得焕然一新，犹如把一些周鼎汉镜用擦桐油擦得油光晶亮一样，将严重损害到它的历史、艺术价值。……在赵州桥的重修中，这方面没有得到足够的重视，这不能说不是一个遗憾……今天我们所见的赵州桥，在形象上绝不给人以1300岁的印象，而像是今天新造的桥——形与神不相称，这不能不说是美中不足。[1]

许多打磨过重的明式家具何尝不是如此，绝不给人以经历了几百年的面貌。

其二，山东省曲阜市孔庙孔府孔林管理部门曾为发展旅游，动用人马，整洁"三孔"面容，对"三孔"古建筑进行了大面积的高压水枪大水清洗。消息传出，一时文物界哗然，声讨声汹涌。国家文物局直接干预，专人调查后，详情直接上报国家中枢。

其三，当人们走入上海博物馆家具厅，迎面看到的便是王世襄旧藏紫檀平头案，其纹饰的沟廻中，还存有不少的陈年积垢，这完全正常，这就是历史。什么更符合历史的本真，什么就更具历史之美。设想一下，博物馆的某位家具养护人员哪天好心好意地自作主张，以西式"先进"的磨洗法，把这张画案焕然一新，他的下场是什么呢？

在具体技术层面，不同风化皮壳代表不同的年代，资深行家

---

1 梁思成：《闲话文物建筑的重修和维护》，《文物》1963年第7期。

会凭借大数据性、概率性的经验分析皮壳，对家具的年份及出货地做出判断，而失去皮壳，则意味着丢失有益的数据。

物理打磨器物，也与国人对古物原"皮壳""包浆"的深厚观念相悖。没有人会把青铜器、竹木牙角器等古艺术品磨洗得伤及皮肉而焕然一新。但故意做新，在明式家具上却是家常便饭。

国内家具收藏者在相当长时间里，固守着原皮壳理念，对磨洗过的明式家具持排斥态度。以2010年为界，大量西人旧藏的高品质明式家具，通过拍卖行，进入公众视野，其中极大多数呈磨洗状态，国人面临着实物和观念的新洗礼。那些黄花梨家具在欧美，磨洗已有二三十年，新的风化也已产生，自然看上去比原始皮壳器物更干净靓丽。同时，大陆尚存的原始皮壳器物，在旧家具整体存量上处于极为弱势地位。加上修复力量的薄弱，中西两方藏品不成对抗格局。

任何观念在强大的现实面前都是脆弱的，今天，国人不那么敌视"洗皮的"明式家具了。大势如此，多少俊杰已识时务。还有多少人泰然固守着古家具的原始皮壳观？

对旧家具的修整、去垢、养护自然无错。家具经年累月的无人照管，重新养护的重要性不言而喻。但是应反对把家具上的铜饰打磨得如金子一样的闪亮，反对将家具上旧有的温润皮壳或沧桑之貌改为拉皮式的修理。据资深行家讲，当时，美国人等对家具处理的要求是要保留器物内底的原始状态，这在一定意义上尚可见"保留原貌"之观念，只是其逻辑没有贯穿到底。

西方人对我中华古物重实用、轻原始性、轻完整性的态度，其实多有误区，偶见的掐丝珐琅器、瓷器被底穿一孔，作为台灯基座，便表现出实用性第一的害处。

世间问题又太复杂，我们又会有另外的思考。如此多的黄花梨家具曾乾坤转移、远离故土，成为欧美人士的堂上客。现在，它们尊贵地陆续回到母国。当初，如果没有大量的倒卖，今天，它们是否大部分已荡然无存。所以，从古文物传承、保护角度看，客观上，文物向安全而文明程度较高的地方流通，不失为避免毁灭的手段。但其中的过失仍应反省。而国人对原皮壳家具也应有所修葺和养护，使古物更多地焕发美感。

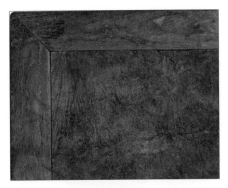

图 41-1　黄花梨平头案案面上的瘿木板

图 41 明末清初　黄花梨直牙头平头案
长 115.5 厘米　宽 59.5 厘米　高 81 厘米
（广东留余斋藏）

6. 黄花梨直牙头平头案

黄花梨直牙头平头案（图 41）牙头与牙板格角交接。全案皮壳原始，案面嵌瘿木板（图 41-1），岁月侵蚀，一派斑驳之态。

瘿木也称"影木"，指各种长有结疤和病态增生的树木。树木在成长中，当遭到虫蛀或外界侵蚀或自身生病时，会长瘿结包裹病患源头，以自我保卫。因此各种不规则的错综复杂的纹路便产生了。

瘿木剖开后，呈现扭曲绮丽的花纹，盘曲缠绕，变幻莫测，形成独特的病态妖娆之感。这成为多种传统审美观中的一种。民国赵汝珍《古玩指南》中提到瘿木："取之锯为横面，花纹奇丽，多用之制为桌面、柜面等。"其语概括了瘿木的基本用途。

7. 黄花梨直牙头平头案

黄花梨直牙头平头案（图42）案面攒框，案心独板，材质优良。直牙头与牙板格角相交（图42-1），相交处曲线圆润舒展。整体造型与上例（见图41）相近，但其牙头和牙板均起线，已然对"光素"进行了颠覆，牙头和牙板起线可以称作是一种进化，也是一种隐性装饰。其83.5厘米的高度，也表明其年代偏晚，因为其腿足高磨损较少。腿足的自然磨损程度，应是一件器物年代的观察点之一。

在历史的长河中，"刀子牙板梯子枨"黄花梨平头案，主流是发展的。它们在加大观赏面的法则下，不断增加新的纹饰、构件等元素。但另一方面，这个样式也有个别案例，稳定性极强地发展，到清早期仍有较原始的式样继续制作。

图 42-1　黄花梨平头案 45° 角相交的直牙头与牙板

图42　清早期
黄花梨直牙头平头案
长171厘米　宽78.3厘米　高83.5厘米
（选自宋捷：《湖州市博物馆藏明清古典家具》，河北教育出版社）

8.黄花梨直牙头平头案

黄花梨直牙头平头案（图43）形式变化巨大，边抹面沿上半部平直，下半部起四层阳线，层层内收。牙头、牙板边沿饰以宽皮条线（图43-1），线上打洼，线外侧饰捏角线。全器大气而考究。腿足方料为之，其面圆混，中间为两炷香线脚，其两侧混面中各饰一条阳线。外缘各有两条线脚排列，节奏感令人愉悦。它如此突出线脚的视觉价值，代表着明式家具的一种倾向。

此案展示了线脚对光素器物的装饰价值，此外，它在光素与装饰、混面与方料之间的关系处理上，也卓有成就。充分地利用线脚、构件的线条变化，这是明式家具上与雕刻工艺一直同行的装饰手段。

前后腿间双枨为长方形料。

图43 清早期 黄花梨直牙头平头案
长 220.5 厘米 宽 71.5 厘米 高 85 厘米
（广东留余斋藏）

图43-1 黄花梨平头案牙头牙板上的打洼宽皮条线

此例直牙头平头案和以下数例直牙头平头案均为形态特殊的器物，它们全部无雕刻，但繁多的线脚表明其年代偏晚，为清早期之物。同时期的明式家具常常是雕有图案的，而这些没有图案雕刻，属于明式家具第二条发展轨迹上的作品。

美国安思远旧藏黄花梨直牙头平头案与本平头案形态相一致，牙头牙板上饰打洼宽皮条线（图44），可见再独特形态的器物也难称是唯一的遗存，更不可称为是唯一的制作。

图44 清早期 黄花梨平头案牙头牙板上的打洼宽皮条线

在明式家具发展中，呈现一主二辅的三条发展脉络，可以称为三条发展轨迹。人类历史发展是非单一线性的，器物发展也是非单一线性的。

第一条发展轨迹上的家具是主流性器物。其在观赏面不断加大法则的内在驱动下，主体构件和纹饰不断增衍。发展的轨迹是由明晚期、明末清初的光素发展为清早期的图案雕刻，新式样和新雕饰不断出现，它们可以基本有序地进行器物排队。其式样的基本排列构成了明式家具发展的主流轨迹，本书主要梳理这一类家具。

第二条发展轨迹上的家具是少数的非主流的，主要指到清早期规避了图案雕刻工艺、不使用雕花师参与的某些家具，它们在小构件式样上或线脚上有所创新，完成新的视觉，呈另外样貌。例如黄花梨直牙头平头案（见图43）、黄花梨有屉小平头案（见图48）。

第三条发展轨迹上的家具也是少数的、非典型的家具。它们在清早期乃至以后，旧式样大框架上没有多少变化和进化。但是，在其细部上，它们会有新时期的小符号，有偏晚的特征。在局部构件的形态上带有新时期的烙印。如黄花梨直牙头平头案（见图45）。那些细部上所带的新时期特点成为鉴定其年代的标志。各时代都有这种带上新时期小细节特征的"旧式样"家具，这在各类家具中都存在。而且在越常规的、使用量越大的类别中，这个现象越突出，尤其是小器形家具，如官皮箱、提盒、镜架等。它们不是本书梳理的主体，但是一种重要的历史存在。

还有几个要点需要表述：

1. 明式家具上，图案雕饰是一个姗姗来迟的晚到者。有图案雕饰的家具是入清之后的产物。但是，反过来讲，并非全部产于清代的明式家具都有雕饰图案。

2. 原初形态的光素明式家具的制作时代为明晚期。它有严格的限定：它一定是某类式样的原初形态，如果任何地方带有异动的"细节符号"，或个别构件略有增加，它可视为异变产品，其年代肯定看晚。

3. 明式家具第三条发展轨迹上的作品，尽管大式样尚未多变，基本款式非为新样。但其身上出现了新时期的小符号。这个小符号其实喻明其年代已变，可视其为清早期或更晚之物。

在这里，可以重申考古学家的话："必须特别注意到，各种器别的演化轨道，不一定只有一条。一个器别，可能同时存在两个或两个以上的形态，各有各的演化轨道。有时，某个器别开始时只有一条变化轨道，后来则分化为两条甚至更多的变化轨道。"[1] 明式家具各种类的发展也并非是一刀切式的齐步而行，而是有主流形态，也有非主流式样，分路而进。

---

1 王然：《考古学是什么：俞伟超考古学理论文选》页81，中国社会科学出版社，1996年。

9. 黄花梨罗锅枨平头案

黄花梨罗锅枨平头案（图45）直牙头与牙板格角交接，牙板牙头起宽皮条线，线上打洼。大边、抹头面沿中间起两条线，形式奇特。前后腿间以单罗锅枨连接（图45-1），而非传统的双枨（"梯子枨"），枨两侧中间起线，与边抹面沿线脚呼应。腿上四面、四角起线，周身起棱分瓣，为"甜瓜棱"腿之一种。

这种瓜棱腿应是长期发展后的结果，横截面美妙如花。看面棱线变化，视觉别样，是明式家具高峰期产物，年代为清早期或清早中期。

此案整个器形为传统直牙头式样。但是，其单罗锅枨形态和构件上多种线脚的汇集表明其年份偏晚，是明式家具第三发展轨迹上的作品。

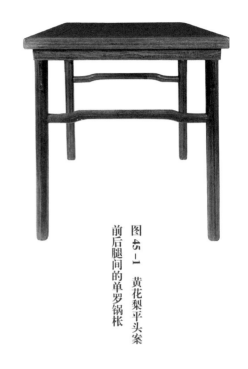

图 45-1 黄花梨平头案
前后腿间的单罗锅枨

图 45 清早期 黄花梨罗锅枨平头案

长 155.5 厘米 宽 78.5 厘米 高 78.5 厘米
（选自毛岱康：《中国古典家具与生活环境——
罗启妍收藏精选》，雍贵堂）

行业内传统观点认为，面板宽达65至75厘米的案子、桌子称为画案、书案或画桌、书桌。此论广为传播，但未有任何历史资料作为论证依据。只是因其前后进深大，推论便于展开纸卷，遂有画案或书案之说。但是，案子进深大并不只方便绘画读书，还便于许多其他的功用。

在明代刻本版画插图史料中，可以看出，明晚期宽大的直牙头案子是一种通用的承具，广泛使用于各类房间的各种场合中。

1.明万历《屠赤水批评荆钗记》版画插图中，有少年俯首于画桌上，桌子进深宽大，上摆满笔墨纸砚，是为书桌或画桌（图46）。

2.明万历金陵陈氏继志斋刻本《双鱼记》版画插图中，有宽大的直牙头食案（图47），形象地表现出三人饮食于平头案上的场景。案子进深宽大，为食案。

在上海明成化李姓墓、明万历潘惠墓、万历严姓墓均出土了"刀子牙板"式食案和条凳。

3.明《鲁班经匠家镜》版画中，平头案与拔步床在一起，表明平头案可作为卧室（内房）家具。

所以说，案子、桌子进深大并不只与绘画、读书相关。宽大者可以是画案，也可能是食案，还可以用于其他。明式家具许多式样具有通用性，尤其以素直牙头平头案典型。古玩行对器物定论"就高不就低"，所以见到宽大的案子或桌子，常常以画案或画桌相称。因为书画是更高级的文明符号，作为背光更显高端。

图46 明万历《屠赤水批评荆钗记》版画插图中的画桌

图47 明万历 金陵陈氏继志斋《双鱼记》刻本插图中宽大的直牙头食案

（选自傅惜华：《中国古典文学版画选集》，上海人民美术出版社）

10. 黄花梨加屉小平头案

黄花梨加屉小平头案（图48）素直牙头与牙板45°角交接，圆腿直足，四足中上部同一平面上设横枨四根，打槽装板形成平镶屉层（图48-1）。从形制看，四足上加枨装屉板，形态上为直牙头平头案原型发展后出现的较大异动，年代自然偏晚。

图48-1　黄花梨小平头案四腿间的平镶屉层

图48　清早期　黄花梨加屉小平头案

长67厘米　宽38.5厘米　高81.5厘米

（选自宋捷：《湖州市博物馆藏明清古典家具》，河北教育出版社）

图 49-1　黄花梨小平头案
四腿间的落堂式屉板

11. 黄花梨加屉小平头案

黄花梨加屉小平头案（图 49）案面攒框，中嵌瘿木板。直牙头上下拐角圆润优美。直牙头与牙板水平连接，四条圆腿中上部置四横枨成框，中嵌屉板，大致结构与上例相同，但不同的是上例屉板为平镶，本案屉板呈落堂式（图49-1），晚于平镶式做法，落堂为年代偏晚的式样。

图 49　清早中期　黄花梨加屉小平头案

长 72 厘米　宽 39.5 厘米　高 66 厘米

（广东留余斋藏）

有论者认为：有屉的黄花梨小平头案是明代人进餐时用具，名为"酒桌"。明代多人一起用餐时，为每人一桌，若两人一起用餐时，可一同使用一张小桌。清初以后，出现多人一桌同食的形式。到清中期，全家围桌同食的大圆桌才出现。

其实，综合各种资料看，以上之论难以成立。首先，此论论者并未提供相关史料佐证。其次，如依其言，这种酒桌在明代广为使用，应当制作量极大。相对而言，今天存世量也应较大。但是，"酒桌"在今天黄花梨家具总遗存中，所占比例并不大，存世量也不多，与进餐时广为使用的家具在数量上不相称，可见当年这种家具生产量并不多。

另外，从图像资料看，在所有的明晚期刻本版画插图中，尚未见到相同或相类的"酒桌"家具形象。而在明万历刻本《红佛记》（图50）、明万历刻本《状元图考》（图51）中，都有多人围桌吃饭画面，说明当时并非单桌分餐。

如此，判定这类遗存年代，又要依据另外一套学术理念和学术工具了，这就是考古类型学。判定明式家具年代可依照这样的一个基本的思路，即式样与早期原型越相同、越相近者，年代越早。与原型越不相同、越变异者，年代也越晚。"变异者年代晚"的认识观体现着一种考古类型学的理念。所以，酒桌是平头案原型形态的变化体，两者差异较大。可认为此类器物应产生于明代以后。它为通用型小案，用以摆放各类物品。同时需要说明的是，也有个别卷云纹牙头的黄花梨有屉板小平头案遗物存世，年代应该更晚。

图50 明万历 《红佛记》插图中三人围桌吃饭的情景

（选自傅惜华：《中国古典文学版画选集》，上海人民美术出版社）

图51 明万历 《状元图考》插图中四人围桌吃饭的情景

图 52-1 紫檀平头案上的直牙头与云纹牙头的结合形态

12. 紫檀变体直牙头平头案

紫檀变体直牙头平头案（图 52）为直牙头与云纹牙头结合形态（图 52-1）。腿足间双枨上移，中镶绦环板，板上锼挖上翻如意云头纹。

牙头和牙板边缘阳线圆厚突显。此类阳线为"大铲地"做法。起线后，其他地子全部铲去，以突出阳线。其阳线明显高于整个地子，这也被俗称为"大起地"，是一种奢华的用料加工方式，也是明式家具中出现较晚的做法。它不同于一般灯草线、碗口线的"起地"，灯草线、碗口线的起地是挖出线脚后，由低处逐渐上起，地子高度最后与线脚基本持平。

本案牙板为壶门式，这在黄花梨或紫檀案子上较少见。

图 52 清早期 紫檀变体直牙头平头案

长 90 厘米 宽 36 厘米 高 82.5 厘米

（故宫博物院藏）

（二）螭凤纹直牙头型

明晚期，包括直牙头在内的光素构件，作用主要基于结构上的力学实用。时光交替，至清早期，直牙头被雕饰，赋于象征寓意和美化作用。

由光素到雕饰，是案、桌、几、椅、凳、墩、床、榻、屏、柜橱、架格、架、箱等器的普遍规律。这一点又可以作为家具各类别的发展形态鉴定点。

明式家具所有构件及纹饰的不断变化和增衍，从匠作内部演变轨迹看，是事物踵事增华、变本加厉、变化演进规则的结果。从外部环境作用看，则是晚明至清中期长达两百余年的社会奢靡风尚的影响。明清之际，社会上层"华缛相高""雕镂涂添""心殚精巧"的奢靡风尚大行其道。同时，明式家具主体为婚嫁家具这种特殊内在属性也促进激发着明式家具形态的不断变化。

以上三点，可以作为理解明式家具之早中晚末四期式样和图案形态变革的基本背景和要素。

在整理直牙头案子雕饰图案的资料时，会发现一个有趣的现象，黄花梨案子的直牙头上凡雕有纹饰者绝大部分都是雕螭凤纹。当明式家具发展之后，原先只在结构上起力学作用的牙头，承担起装饰美化和表达寓意的作用，螭凤纹由此出现。实例如下：

1. 黄花梨螭凤纹平头案

黄花梨螭凤纹平头案（图53）直牙头与牙板交汇处雕有螭凤纹（图53-1），标志着在硬木家具出现前已稳定延续了几百年的光素直牙头的黄历翻篇了，也标志着明清家具此后数百年牙头变迁之长篇文章开始破题写序了。

早期黄花梨螭凤纹牙头平头案足间仍然多为"梯子枨"，只是在原有的直牙头上镂出螭凤纹。由此，新的意义便明确出现。由此亦可见螭凤纹这种女性符号是最早突破宋代以来光素直牙头样式的突击兵。

图 53-1　黄花梨平头案牙头与牙板交汇处的螭凤纹

螭凤纹牙头让案子从素直牙头式样走出，是局部构件上的求变增华。实用工艺品的宿命是图案装饰，光素和线脚最终抵挡不了这种命运。

总体来讲，此类案子前后腿间仍保持双横枨（梯子枨）的式样，其年代属清早期偏早阶段。

桌面攒框嵌装大理石板（图53-2），冰盘沿，圆腿。

图53-2　黄花梨平头案案面上的大理石板

图53　清早期　黄花梨螭凤纹平头案

长107厘米　宽70厘米　高82厘米

（选自北京市文物局：《北京文物精粹大系》家具卷，北京出版社）

2. 黄花梨螭凤纹平头案

黄花梨螭凤纹平头案（图 54）案面攒框装心板，牙头与牙板交汇处雕螭凤纹（图 54-1），其大致形态是身体上下由正反两个 C 形纹饰组成，其下面的 C 形上含有近似双牙纹（俗称"云钩纹""猫耳朵纹""狗牙纹"）的纹饰，这是后来之双牙纹的前身。

四足方料，看面起多条线脚。前后腿间为椭圆形双横枨。

图 54　清早期　黄花梨螭凤纹平头案

长 222.3 厘米　宽 53.3 厘米　高 82.5 厘米

（佳士得纽约拍卖有限公司，2003 年 9 月）

3. 黄花梨螭凤纹平头案

黄花梨螭凤纹平头案（图55）案面攒框装心板，牙头与牙板交汇处雕螭凤纹（图55-1），螭凤纹上突显装饰卷珠纹，卷珠形态刚刚显露灵芝纹的端倪，此螭凤纹进一步走向表现和抽象。四足方料，看面起线。前后腿间为椭圆形双横枨。

图 55 清早期 黄花梨螭凤纹平头案

长 212 厘米 宽 65.1 厘米 高 76.2 厘米

（苏富比纽约拍卖有限公司，2013 年 9 月）

明清时期，购置以黄花梨、紫檀材质为主的明式家具，对任何一个家庭来说都耗资不菲。在男性为主体的传统社会中，作为重要财富和财产象征的硬木家具，为何其上往往雕饰象征女性的螭凤纹、凤纹呢，这里有什么玄妙？

此问题关注者甚少，不仅是古典家具界，在古代艺术品界，人们对螭凤纹、凤纹熟视无睹，偶见的螭凤纹和凤纹含义的解读也往往语焉不详，甚至最经典的明式家具著作也将凤纹（云纹背景）简称为花鸟纹。

神话传说中，凤为百鸟之首，其崇高地位来自远古部落鸟图腾崇拜以及早期古籍对凤的注释。秦汉时期，龙身上附会的神性趋于淡薄，皇权意味增强。秦始皇自称"祖龙"。传说汉高祖刘邦之母梦与龙交媾，其怀孕后，刘邦"应龙而生"。此后，三皇五帝的故事也多与龙附会一起。汉代阴阳学说流行，龙凤结合，象征阴阳相合，皇帝以龙自居，成为真龙天子。原先"雄曰凤，雌曰凰"之凤变成后妃的象征，引申为女性属性，此后，凤的视觉形态变得越来越阴柔曲美。

通过考察明式家具实例和对明清生活史的研究，可以认为，凤纹、螭凤纹图案作为女性专指符号，在明式家具上大规模出现，绝不仅是纯粹装饰，而是与特定的社会风俗、思想意识相关，有其自己的历史主题，反映出特殊的寓意或用途。这里藏有一个密码，那就是这些家具出自女性之家，为女子出嫁时的嫁妆。

"陪嫁"又被称作"嫁妆""妆奁"。妆奁本是指古代妇女专用的梳妆盒，妆为修饰、打扮之意，奁为盛放梳妆用铜镜的器具。奁中放有一面铜镜，所以梳妆匣又称"镜匣"，亦称"镜奁"。汉代许慎《说文解字》云："奁，镜匣也。"北周庾信《镜赋》云："暂设粧奁，还抽镜屉。"奁，作为女子梳妆用镜的匣，是陪嫁时的必备物，故后来成为嫁妆的同义词。

嫁妆又称"妆奁"。"奁资""妆资"为新娘陪嫁财物，"奁田"为陪嫁的田产。

明清许多地方婚俗中，女方嫁妆中含有家具，这是约定俗成的规定。一般人家，嫁妆中起码含有梳妆家具，诸如镜台、闷户橱。闷户橱为梳妆台，俗称"嫁底"；家境厚足者，陪送衣架、床等；富有者，嫁妆中包含厅堂家具在内的所有家具。在明清文献中记载,巨富大贵家族可陪送奁田数千亩,陪送全堂家具当然不在话下。女方嫁妆上,往往以象征女性的凤纹图案为装饰,这是区别夫家财产的视觉识别符号。它高调地昭示着女方的一种权利,别有意味。

这些有象征意义的符号,表明当时女性不是完全没有话语权。婚后女性,尤其是有自己所属财富的已婚女性在家庭中拥有一定的地位。嫁妆作为新娘私产,在夫家长期属女方所有,嫁妆厚薄显示着女方的财富、家境和社会背景的高下,嫁妆的众寡也意味着新娘在新家庭的财产权重,影响着她在夫婿家地位的尊卑。因此,家具上的图案不仅仅是装饰,更是象征,具有寓意,这反映着当时社会群体的共同意识和文化情景。[1]

螭凤纹以实物实证了久远的历史,陪嫁习俗中嫁妆器物雕以螭凤纹是女方财产的标志。清早期强大的厚嫁风尚、女性权利意识和财产标志意识使这种图案多见于明式家具上。

大量螭凤纹、子母螭凤纹的存在,为评价当时的女性社会地位提供一个窗口,一切显赫的图像背后都存在着一套强大的、有形的或无形的社会文化体系。这个文化体系是家具上图案的幕后操纵者。在女性社会地位极低的情景中,难以想象大量昂贵的家具上雕有凤纹。明清时期女性的实际生活与古代史传统的说法之间恐怕存在巨大的距离。

螭凤纹为凤纹的一种变体,身尾不似凤纹那样尾羽飘舞纷洒,由上下两段、正反向的 C 形双牙纹构成。其头取鸟之形象,形态以尖嘴长眼为主流,个别形象为上喙向上圆卷,长眼睛。

1　张辉:《明式家具图案研究》页 17,故宫出版社,2017 年。

（三）直牙头（螭凤纹）托泥型

托泥为宋代家具上的流行式样，但在明万历的出版物图像上，已难以见到带托泥的案子，可知当时的案桌上少有托泥。在明式家具上，托泥是后来又再次复古出现的，代表着明式家具发展到一个时期以后，对这种遥远的旧式有所回归。它肩负新的使命，加强了案体侧面的观赏性，也为今后挡板上装饰的出现做了铺垫。

探讨这类案子形制的演变及具体器物的时间早晚，可注重案子的牙头、托泥和挡板细节部位的特征。它们分别有直牙头托泥、螭凤纹牙头托泥、螭凤纹牙头云头纹挡板托泥、螭凤纹牙头螭龙纹挡板托泥等。

1. 黄花梨直牙头翘头案

黄花梨直牙头翘头案（图56）全身光素，以方正为审美特征，别具风采。方角直牙头，45度角与牙板相接。

直翘头盖在抹头外端，与抹头一木连做，简称"翘抹连做"，为翘头的早期做法。总体说来，翘头与抹头一木连做的式样早于翘头与抹头非一木连做的做法。

翘头案侧脚明显。直腿方料，托泥上嵌圈口牙条。上下左右四面有牙板者称为圈口。托泥侧面挖壶门式曲线，带有装饰性。这些都表明其年代偏晚。

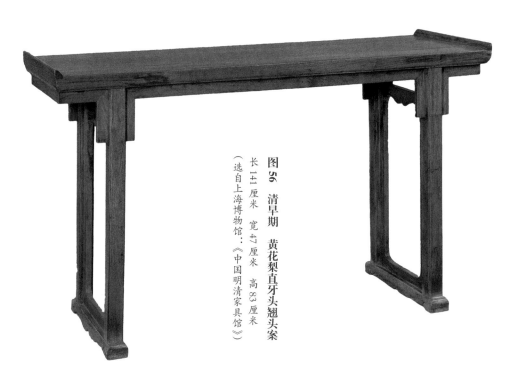

图56 清早期 黄花梨直牙头翘头案

长 141 厘米 宽 47 厘米 高 83 厘米

（选自上海博物馆：《中国明清家具馆》）

图 57-1 黄花梨翘头案上的螭凤纹牙头

2. 黄花梨螭凤纹翘头案

黄花梨螭凤纹翘头案（图 57）的牙头上雕螭凤纹（图 57-1），有别于前例。形态是其身体上下有正反向两个 C 形纹饰，此类形纹饰与后来之"双牙纹"形态相关。随着时间的流逝，其纹简化为双牙纹。而且其眼的刻画已经弱化，突出两个圆珠纹，凤头形象与灵芝纹合一趋势明显。直牙板上端的牙板上出尖牙纹，与牙头上螭凤纹相协调，这在制作上颇为费料。

平头案托泥上加圈口牙条。

图 57 清早期 黄花梨螭凤纹翘头案

长 163.1 厘米 宽 35.6 厘米 高 81.2 厘米

（佳士得纽约拍卖有限公司，2003 年 9 月）

3. 黄花梨螭凤云纹翘头案

黄花梨螭凤云纹翘头案（图58）案面独板，牙头与牙板交汇处雕螭凤纹（图58-1），身体形态是上下有两个正反向的 C 形纹饰，其中所含双牙纹形态明显。直腿下承托泥，挡板上镂壶门式开光，开光中挖直柄如意云头纹（图58-2）。

这种挡板上的云纹应是上例黄花梨螭凤纹翘头案（见图22）圈口的发展形式。腿足饰密集线脚。竖直小翘头，与抹头一木连做。

图58-2 黄花梨翘头案挡板上的直柄云纹

图58-1 黄花梨翘头案牙头与牙板交汇处的螭凤纹

图58 清早期 黄花梨螭凤云纹翘头案

长 215.3 厘米 宽 46 厘米 高 82.6 厘米

（选自叶承耀：《禅椅琴凳：攻玉山房藏中国古典家具 II》，香港中文大学文物馆）

4. 黄花梨螭凤纹翘头案

黄花梨螭凤纹翘头案（图 59）牙头与牙板交汇处雕螭凤纹（图 59-1），螭凤面部和身上雕转珠纹，且已有拐子化倾向。翘头渐大，与抹头非为一木连做，为年份偏晚的表现。托泥上挡板透雕螭龙纹（图 59-2），意为苍龙教子，挡板纹饰更繁密。

螭凤纹在闽作、苏作中都有存在。

图 59-2 黄花梨翘头案挡板上的螭龙纹

图 59-1 黄花梨翘头案交汇处的螭凤纹直牙头

图 59 清早中期 黄花梨螭凤纹翘头案
长 129 厘米 宽 40.6 厘米 高 85.5 厘米
（清华大学艺术博物馆藏）

5. 黄花梨螭凤纹翘头案

黄花梨螭凤纹翘头案（图60）案面独板，牙板与牙头交汇处雕螭凤纹，螭凤身尾上有双牙纹（图60-1），为再晚些时候的双牙纹前辈。挡板开光中雕面对面双螭凤纹。

图 60-1　黄花梨翘头案螭凤身尾部的双牙纹

图 60　清早中期　黄花梨螭凤纹翘头案

长 218.5 厘米　宽 51.5 厘米　高 87.5 厘米

（香港黎来旧藏）

图 61-1 黄花梨翘头案牙头和牙板交汇处的螭凤纹

6. 黄花梨螭凤纹翘头案

黄花梨螭凤纹翘头案（图61）左右牙头和牙板交汇处雕螭凤纹（图61-1），形态也是一个大 S 形中有两个 C 形纹饰。螭凤之眼嘴明确，其下雕饰两个圆珠纹饰，螭凤头纹中有灵芝纹之态。

挡板壶门式开光中雕子母螭龙纹，图案布局规整对称。其上为一对螭龙纹，其下为螭尾纹，代表小螭龙，上下构成一对大小螭龙纹，古称"子母螭"，意为苍龙教子。挡板开光中纹饰构图抽象饱满，图案化较强。

托泥下加高了龟足，形态高拔。这些发展后的特征年代更晚，均为清早中期的形态。

图61 清早中期 黄花梨螭凤纹翘头案
长 216 厘米 宽 48 厘米 高 86 厘米
（北京元亨利艺术馆旧藏）

翘头是古代家具最别出心裁的设计，是光素家具所有构件中唯一没有力学功能的，是明式家具上一种特殊的隐形修饰，这点非常重要。它在光素简洁的家具上有所使用，但更多使用于雕饰繁复的大案上，联二橱、联三橱也常有翘头，在个别桌、榻床上也偶得一见。

有一种说法：古人展示绘画手卷时，用翘头阻止手卷在案子两端滑落。这个说法应可商榷。翘头案有小型的，但更多是大案（最长者3米有余），还有翘头闷户橱。它们形体笨重，其上日常多摆放固定器物，不适宜展示书画。闷户橱又是功能明确的嫁底和梳妆用具。更为关键的是，古人展示手卷时是分段观赏，一手展示，同时另一手卷起，不是全面铺开，也不必以翘头防止手卷的滑落。

中国古代建筑为大屋顶式，上翘的屋檐称为飞檐翘角，它们使原本视觉上屋顶的沉重感得以改观。"这种屋顶全部的曲线及轮廓，上部巍然高耸，檐部如翼轻展，使本来极无趣、极笨拙的实际部分，成为整个建筑物美丽的冠冕，是别系建筑所没有的特征。"[1]

文学作品中，春秋时期《诗经》中，有"如鸟斯革，如翚斯飞"之句。宋代欧阳修《醉翁亭记》云："峰回路转，有亭翼然，临于泉上者，醉翁亭也。"这些都是对建筑上反宇挑檐的表述。

明清时期案、橱装有翘头，从设计和审美传统看，它将中国古建筑反宇挑檐"翼然而飞"的风范移用于家具上，其功能是把人的视觉导引向上，从而打破案身、橱身横宽的沉闷感、沉重感，让凝固之器变得耸然欲动。建筑、文学、家具上，一脉相承了同样的空间意识，三者一言以蔽之：唯美而非实用。

1　梁思成：《清代营造则例》页3，林徽因《绪论》，中国营造学社，1934年。

（四）双牙纹（双牙云纹、草叶形双牙纹）型

"双牙纹"如何而来，年代怎样，这似乎是一个谜案，以考古类型学的方法，观察实物，可以解开谜底。直牙头上大部分雕有纹饰者是雕螭凤纹，此外，还有一些是牙头上，挖雕草叶形双牙纹或双牙纹（双牙云纹），这隐含着发展的故事，可以以器物沿革来表述。

1. 黄花梨上下草叶形双牙纹平头案

黄花梨上下草叶形双牙纹平头案（图62）显著特征为牙头形态，其上有正反向两个C形双牙纹，上下排列（图62-1），为螭凤纹的简化体。螭凤纹去掉了凤头，保留了螭凤之身尾。这里，螭凤纹由再现走向表现，这是艺术的进步。这种正反向草叶形双牙纹与螭凤纹有直接传承关系，为螭凤纹的演变体。其抽象、简化的图案仍可以让人联想到原型。它似螭凤之身又是上下两个双牙纹，这种上下两个双牙纹形态再进一步简化演变，即为一个双牙纹（双牙云纹）了。

案面底部和牙板背部均保留着漆灰。

图62-1　黄花梨平头案牙头上的正反向两个草叶形双牙纹

图62　清早中期　黄花梨上下草叶形双牙纹平头案
（选自侣明室：《永恒的明式家具》，紫禁城出版社）
长231厘米　宽61.9厘米　高81.6厘米

2. 黄花梨草叶形双牙纹平头案

黄花梨草叶形双牙纹平头案（图63）牙头沿着上例简化的方向继续前行，原有的S形牙头现在呈上圆下方形，而且仅雕上端，成C形花叶状（图63-1），隐约就是一个花叶形的双牙纹。

当时的家具上，专门雕有此纹是有明确寓意的，人们明了这种双牙纹代表螭凤纹。

由此，举一反三，可以明白，在各类家具的牙头上雕出的C形、S形的草叶形双牙纹，双牙形的纹饰均是螭凤纹的演化体，或称是螭凤纹的简化体。

古人在使用草叶形双牙纹、双牙纹时，知其含义，有所约定。几百年后，时移世易，人们当然仅仅把它们当成了无意义的符号。

图63-1　黄花梨平头案上的草叶形双牙纹

图63　清早中期　黄花梨草叶形双牙纹平头案

长216.2厘米　宽44.8厘米　高78.5厘米

（中贸圣佳国际拍卖有限公司，2015年秋季）

3.黄花梨草叶形双牙纹平头案

图64-1 牙头上的草叶形双牙纹 黄花梨平头案

黄花梨草叶形双牙纹平头案（图64）案面面沿上有一条凹形线脚。牙头上雕有草叶形双牙纹（图64-1），与前例平头案（见图63）相似，本例牙头实为前例的简化。而前例又是螭凤纹的简化，这样就更清楚草叶形双牙纹与螭凤纹的关系了。它们的发展路径是螭凤纹（见图61）——上下双草叶形双牙纹（见图62）——草叶形双牙纹（本例）——双牙纹（见图65）。

考古类型学原理为这种排列提供了学理基础，如此可以解释了为何在古典家具中有如此之多的双牙纹。因为它有特定的含意。

其前后腿间为圈口（图64-2），四周横竖牙板曲线多变，其上所雕纹饰为变异形态，由此可知此案年代较晚。

图64 清早中期 黄花梨草叶形双牙纹平头案
长179厘米 宽77.5厘米 高84厘米
（选自邓南威：《隽永姚黄——中国明清黄花梨家具》，三联书店）

图 64-2　黄花梨平头案腿间的圈口

图 65-1 黄花梨翘头案上的双牙纹

4. 黄花梨双牙纹翘头案

黄花梨双牙纹翘头案（图 65）案面边框内套小（仔）框，小框内镶瘿子木心板。牙头上镂挖典型的双牙纹（图 65-1），为上例草叶形双牙纹的进一步简化。如果说螭凤纹是再现，上下草叶形双牙纹（见图 62）则是表现，那么此种双牙纹就是写意了，更是一种符号了，也是一种更深入的提炼。

表明此案年代偏晚的信息是：前后直腿方料，下为托泥，托泥侧面雕出壸门式曲线，腿间置瓜棱式双枨。双枨内两端装板，形如上下角牙连为一体。整个形态如四面曲线的十字开光。这些均为年代偏晚的新式样。

苏州人称这种双牙纹纹饰为"云钩纹"。行家说，它在苏南、苏北都有，以苏州东山最多。而在福建地区，这种纹饰也屡见不鲜。

图 65 清早中期 黄花梨双牙纹翘头案
长 120 厘米 宽 41 厘米 高 80 厘米
（故宫博物院藏）

苏北行家称之为"猫耳朵纹",上海行家称之为"狗牙纹"。这些俗名多取其形,其历史的含义早已淹没在几百年的时光中。尽管今天笔者钩沉其意,以明其历史传承。但其命名也还是以形而定,故名以"双牙纹",另一种则为"草叶形双牙纹",取代阿猫阿狗之称谓。

在上述的家具上,不论是早期典型的螭凤纹纹样,还是后期演变性图案,都不难感到其身上发出的历史传统余音。

以考古类型学的观念形象一点描述,双牙纹是由螭凤纹一步步演变、简化而成,前后有第四代祖孙。黄花梨螭凤纹平头案(见图54)是曾祖父,黄花梨上下草叶形双牙纹平头案(见图62)是祖父,黄花梨草叶形双牙纹平头案(见图64)是父亲,那么,黄花梨双牙纹翘头案(见图65)是宝贝儿子。四世同堂,一脉相承。

可以得出这样的结论,草叶纹双牙纹、双牙纹是在明式家具末期由螭凤纹简化而来的,当时仍然寓意着螭凤纹,所以那么广泛地使用在家具上。

如果说广见于明式家具牙板上的螭尾纹是螭龙之尾纹。那么,牙头上双牙纹则是螭凤之身尾纹。它们相映成趣,都是纹饰简化的产物。只是牙头上的双牙纹更晚。

螭凤纹、螭龙纹,经过抽象、概括、提炼,形象更加图案化,更加表现化。再现的、具体的、原型的式样已模糊不见。但是在当时,新图案的含义是明确的,被世人共同认知。这种抽象的图案是高于具体形象的一种艺术形式。

这种纹样早期存在于苏作地区,包括苏南、苏北。清早期后,它更顽强地遗存在苏北地区红木、柞榛木、柴木家具上,并推广到山东、山西等地的柴木家具上。同时,双牙纹也多见于闽作中,两者形态略有不同。

或有人会说,山东明初朱檀墓出土的红漆罗锅枨平头案的牙板上已见"双牙纹"。其实,认真观察,此红漆平头案的罗锅枨和牙板式样及全部纹饰均未再现于黄花梨家具上,其牙板上的"双牙纹"也就难以与黄花梨案子上双牙纹作对应比较。朱檀墓红漆平头案等器物与明式家具的案子面目不同的根本原因,是它们为古代家具中的两个子文化系统,各自有自我的发展面貌,有时可以互相参证,有时又不能够一同比较。

5. 黄花梨螭尾纹平头案

黄花梨螭尾纹平头案（图66）面心嵌瘿木，冰盘沿，牙板与牙头交汇处雕螭尾纹（图66-1），同时在纹饰上部镂出双牙云纹，这是此后牙板与牙头交接处双牙纹的前身。

这种牙板和牙头交接处的双牙纹与另一种双牙纹（见图64）不尽相同，但含意一样。方腿中间起两炉香线，两边角起阳线。

图66-1 黄花梨平头案牙板和牙头交汇处上的螭尾纹

图66 清早期 黄花梨螭尾纹平头案
长 101.6 厘米 宽 72.4 厘米 高 81.3 厘米
（香港恒艺馆旧藏）

6. 黄花梨双牙云纹平头案

黄花梨双牙云纹平头案（图67）牙头较长，且边缘曲线起伏。方腿腿面混面，腿前后面中间起"一炷香"阳线，侧面（图67-1）腿间为双枨，双枨前后中间均起"一炷香"线。后者形态表明其年代较晚。

应注意的是牙板与牙头交接处锼出双牙云纹（图67-2），状如云纹（如意纹）形态。这种牙板与牙头交汇处的如意双牙纹实为上例黄花梨平头案（见图66）螭尾纹演变后的简化体。

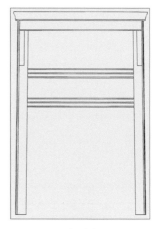

图67-1 黄花梨双牙云纹平头案（侧面图）

图67-2 黄花梨平头案牙板与牙头交汇处的双牙云纹

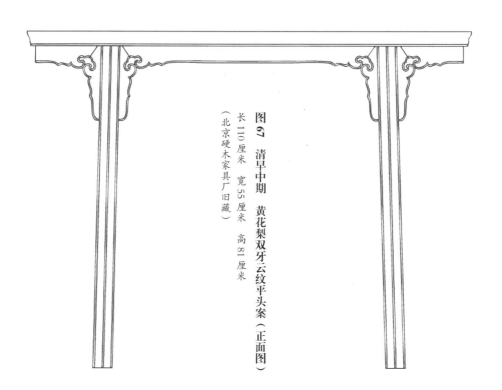

图67 清早中期 黄花梨双牙云纹平头案（正面图）

长110厘米 宽55厘米 高81厘米

（北京硬木家具厂旧藏）

明式家具在发展中，设计上有一种"纹饰图案简化"的调整机制，即原来一个图案中存在着两个以上的形象符号，后来其中的一个形象符号被保留，其他形象以不同的形式进行了简化或取消，但原有图案的形象含义、寓意依然保存，被社会共同认可和明了。简单地说，就是形象被简化，原形寓意依然保存。这种现象的原因大致有三：

一是出于对构件空间大小的合理使用。

二是繁简不同的各个图案形态需要交替变化使用，以活跃视觉。

三是在纹饰图案发展过程中，简化是规律性趋势。再现走向表现是历史的必然。带有观念含义的纹饰图案为求广泛而便捷地制作，其自身逐渐简化是必然的规律。同时当大量制作以应需求时，任何图案都会日趋简化。但是，当其中某些制作需要表现郑重和奢华，又时常反简为繁，成为另一种逻辑的产物，这构成了明式家具雕饰简与繁的两种态势。纹饰图案简化具体表现：

一是只保留一部分被简化对象。

二是缩小被简化对象的体量比例。

三是用一个变形符号代表被简化对象。

四是仅保留一个形象而去掉被简化对象。

对于"保留简化对象的一部分"问题，以螭龙纹简化为螭尾纹现象最为典型。

大量明式家具牙板、前梃中间的"卷草纹"与左右两侧的螭龙的尾端（分叉卷曲状）形态相近相同，是因为仅取螭龙的后段尾部，并左右对称，构成一个新的卷草形象。实际上，这种"卷草纹"左右枝形态就是两个螭龙的分叉卷曲状尾部形态，它们是小螭龙的象征和喻象，如黄花梨子母螭龙纹条桌（见图 171）。

这种左右分枝的卷草式螭尾纹分别与左右侧的螭龙纹组合，构成左右对称的两组子母螭纹饰图案。大螭龙张其嘴，理应是面对小螭龙施教。那左右向的卷草形螭尾纹正是大螭龙施教的对象——小螭龙。不然两个大螭龙张嘴怒喊便无法理解。只有这种理解才能解释两只螭龙张嘴相向的对象为何物，才能理解所谓"卷草纹"之来路和含义，它和螭龙纹之间才有了逻辑关系。

如果以图像学的理念看，明式家具上的纹饰图案系统是一个思想观念的表达形态，图必有意，意必含有社会心理。那么古人不会无缘无故地长期大规模地使用一种没有寓意的卷草纹图案。所以，相同道理，双牙纹大量地使用于明式家具之上，也有其寓意。

由此递进思考，明式家具上的各类草叶形态纹饰图案都是与螭龙纹、螭凤纹的身尾部形态相关的。大致来看，与原型越相同、越相近者，年代越早；与原型越不相同、越不相近者，或者说是草叶形态变异越大者，年代越晚。

（五）卷云纹牙头型

卷云纹牙头形态是牙头为云头状，并随时间推移而内卷。

在明晚期，工匠在制作黄花梨家具时，直接拷贝了当时的柴木家具造型。所以，以明万历刻本上的家具图像为线索，核对同式样的明式黄花梨家具的年代，一定是会有所帮助的。其实，明式家具诞生不久，第一时间制作的黄花梨家具就是由柴木家具高手制作的，式样当然与柴木家具相同。

当带着相关问题，寻找明万历时期的图像资料时，会发现以下的图像：明万历（崇祯）《鲁班经匠家镜》版画插图中的云纹牙头条凳（图68）、明万历《养正图解》版画插图中的云纹牙头画案（图69、图70），这些家具上的云纹牙头形态为万历朝同类家具形态的写实，直观地表现了明晚期家具上的云纹牙头式样。

明万历刻本图像提供了早期明式家具的时间坐标和式样，由此为起点，笔者用考古类型学的理念和方法依次观察卷云纹牙头案子由早至晚的发展，梳理出黄花梨云纹牙头案子的发展脉络。

下面观察卷云纹牙头案子的演变，此类案子的腿足形态分为"梯子枨"体和托泥体。

图68　明万历（崇祯）《鲁班经匠家镜》中的云纹牙头条凳

图69　明万历《养正图解》中的云纹牙头画案（转自王正书：《明清家具鉴定》，上海书店出版社）

图70　明万历《养正图解》中的云纹牙头画案（明焦竑著，肖群忠注评：《明万历本养正图解注评》，黄山书社）

图 71-1　黄花梨平头案
一木连做的牙板和牙头

1. 黄花梨云纹牙头平头案

黄花梨云纹牙头平头案（图 71）代表卷云纹牙头案子早期的形态：

一是面心独板。

二是云纹牙头微小，尚未内卷。而且牙板和牙头一木连做（图 71-1），这一点很重要。

三是案的整体高度较矮，79 厘米，足端在长期的历史风烟中磨损较大。

四是整体形态原始，牙头无线脚装饰。

具备这几点特点，就可以认为其制作年代极早。

图 71　明晚期
黄花梨云纹牙头平头案
长 129 厘米　宽 41.5 厘米　高 79 厘米
（佳士得纽约拍卖有限公司，1997 年 9 月）

2. 黄花梨云纹牙头翘头案

黄花梨云纹牙头翘头案（图 72）云纹牙头（图 72-1）较小，与牙板为两木上下相接，代表了云纹牙头案子的早期式样的略有变异的式样，晚于上例。

卷云纹牙头最本初的式样是云头并不内卷，其存世量极小。

翘头较小，与抹头一木连做（图 72-2）。

图 72-2　黄花梨翘头案的翘头与抹头

图 72-1　黄花梨翘头案的云纹牙头

图 72　明末清初　黄花梨云纹牙头翘头案

长 138 厘米　宽 53.5 厘米　高 80 厘米

（选自《风华再现——明清家具收藏展》）

3.黄花梨卷云纹平头案

黄花梨卷云纹平头案（图73）卷云式牙头（图73-1）向内翻卷，开始了牙头内卷变异的步伐。此前两例案子牙头并不内卷，称为平云纹牙头。

在明晚期以后，黄花梨平云纹牙头平头案迅速进入自我发展变化的快车道。此时云纹牙头开始向内翻卷，用锼挖方法制成，亦称"锼牙头"。

此案"梯子枨"为方料、四腿为方料。圆料四腿多与早期的梯子枨相伴，方料四腿多与晚期的托泥挡板相随。一般而言，方料腿晚于圆料腿，这是一种年代大格局的判定。

此案是双梯子枨，在整个方料腿足案子中，年代算是早一些的。

作为奢侈用品的明式家具具有时尚性，趋新趋时，不断发展出新的式样。但新的形式具有一定的表现力，又是相对稳定，不会很快地被替代。只有经历一定的时间周期，匠师们才会又创造出成熟的新形式，旧的式样才会渐渐被放弃。

图73-1 黄花梨平头案的卷云纹牙头

图73 明末清初
黄花梨卷云纹平头案
长223厘米 宽73厘米 高84厘米
（故宫博物院藏）

4. 黄花梨卷云纹牙头平头案

黄花梨卷云纹牙头平头案（图74）牙头内卷，其上未置加固功能的圆珠，牙头、牙板起线，前后腿足间置双枨。

此案在后世的使用中，曾被刷上红漆，现已被清理。有的黄花梨家具被后上红漆或黑漆，均是使用者为保护家具或为使之面目一新而为，坊间有"清代尚黑，故黄花梨家具髹以黑漆，或有冒充紫檀家具之意"一类的说法，难以成立。因为此说难以解释上红漆的原因。

图74-1 黄花梨平头案的卷云纹牙头

图74 明末清初
黄花梨卷云纹牙头平头案
长 163.5 厘米　宽 56.5 厘米　高 81 厘米
（浙江私人藏）

5. 黄花梨圆珠卷云纹翘头案

黄花梨圆珠卷云纹翘头案（图75）卷云纹牙头更为内卷，卷云纹牙头上端以圆珠与牙板相连，以求牢固。加固牙头的圆珠置于牙头斜上方。

本案卷云纹牙头进一步翻转，刻意追求婉转，富有动感。云纹牙头盘成一整圈后，由于镂出的木材过细，横茬面大，故多数作品以一枚或几枚圆珠做连接加固，以防外力撞击、压迫时折断。古人追求新奇的美感同时，亦兼顾力的科学性。

此种以圆珠纹加固牙头之作的实物尚多，圆珠位置各自不同，款式多样，可见当时流行之盛。这些晚出的内翻卷云纹牙头，从整体之优雅、局部之丽变上看，也表现出匠师们和消费者希望突破旧有样式、求异求变的愿望。

图 75　清早期　黄花梨圆珠卷云纹翘头案

长 99 厘米　宽 46 厘米　高 85 厘米

（选自克雷格·克鲁纳斯：《英国维多利亚阿伯特博物馆藏中国家具》，上海辞书出版社）

6. 黄花梨带托泥翘头案

黄花梨带托泥翘头案（图76），直翘头盖在抹头外端，翘抹连作。小卷云纹牙头（图76-1）似乎是较早的形态，但是，其方形直腿下承托泥，前后脚足间四边嵌光素牙条，成圈口式。上牙板为壶门式，下牙板为洼堂肚式，形态是演变的，年代稍晚。此样式的设计重点落在足间，所有的曲线，均为锼挖而成。

黄花梨卷云纹牙头条案在求变的路上，一支脉在云纹牙头的翻卷上突破，另一支脉从托泥、挡板上革新。此案及其下面实物从托泥角度诠释这个规律。

早期案子的前后腿间上部，常连以双横枨，俗称"梯子枨"。时光变迁以后，侧面腿间变化成托泥式，代替了"梯子枨"结构。

图76-1　黄花梨翘头案上的小卷云纹牙头

图76　明末清初　黄花梨带托泥翘头案

长 212.1 厘米　宽 44.4 厘米　高 88.6 厘米

（佳士得纽约拍卖有限公司，1997 年 9 月）

7. 黄花梨如意云头纹挡板翘头案

黄花梨如意云头纹挡板翘头案（图 77）案面独板，翘头较小，小云纹牙头。圈口内挡板镂挖如意云头纹，它代表着最早的挡板镂云纹案子的形态。

黄花梨家具遗物属于明代制作的，非常稀有，大多数明式家具为清代产品，即众多的明式家具年份不到明代，这个判定长期未以揭示。而明白者又三缄其口。当然太多人不情愿大明改为大清。

受时代局限，过去常常以为明式家具为多有明代制品。随着研究的深入，现在可以明确，名为"明式家具"之物，绝大多数为清作，即黄花梨家具绝大多数为清代制作。由此，可知那种明代人喜黄花梨、清代人爱紫檀之说在时间上就错位了。至于附会五行，言"明代人尚黄色故用黄花梨、清代人崇黑而使紫檀"之论，由于家具的朝代划定出乱，五行说也就只能是连环错了。

图77　明末清初　黄花梨如意云头纹挡板翘头案

长 216.5 厘米　宽 44.5 厘米　高 82.5 厘米

（选自中国国家博物馆：《简约·华美——明清家具精粹》，中国社会科学出版社）

8. 黄花梨如意云头纹挡板翘头案

黄花梨如意云头纹挡板翘头案（图78）案面独板，小翘头，云纹牙头小而微微外张。托泥上的挡板开光内锼挖硕大的如意云头纹。

在雕刻工艺尚未登场之际，锼挖工艺成为匠师手中完成形制变化的有力武器，它是起线、铜饰之外的另一个隐形装饰的利刃。锼挖可以挖出各种曲线，如壶门牙板曲线、云纹牙头曲线、鱼门洞曲线。当挖出云头纹饰并在挡板处灵活运用时，就构成了光素案类的一道亮丽景致——如意云头纹挡板案。它们整体光素，流行期大约在明末清初。

此时出版物资料也有佐证。明崇祯刻本《金瓶梅词话》版画插图上，出现了如意云头纹挡板翘头案（图79），这就为推判黄花梨云纹挡板案的年代上限提供了文献依据。

此后，岁月交替，当雕工闯入后，这种锼挖的简洁云头纹便渐渐从家具上悄然而去了。

图79 明崇祯《金瓶梅词话》版画插图上的如意云头纹挡板翘头案

（选自傅惜华：《中国古典文学版画选集》，上海人民美术出版社）

图78 明末清初 黄花梨如意云头纹挡板翘头案

长94.6厘米 宽39厘米 高80厘米

（佳士得纽约拍卖有限公司，1999年3月）

各类明式家具中大的式样是程式化的、稳定的，大的结构系统是基本不变的。如果把各类家具的基本式样称为"造型的大符号"。那么，其中部分细部构件和纹饰可称为"细部小符号"。这些小符号是活跃变化的，随时代发展而变异。小符号的变异，就是一件家具年代早晚的细部观察点。明式家具的断代就是要紧紧地抓住变异的小符号的风吹草动。

例如，观察如意云头纹挡板案子的相对年代，其细部特征主要是看挡板上如意云头纹的多与少、造型的内敛或张扬。挡板云头数少、造型内敛的桌子年份偏早；相反的器物年份偏晚。一定意义上，它们是制作年代的风向标。同时，每个云头的处理及其之间位置关系也是匠师水平高低的试金石。

此类案子变化的节奏和轨迹如此这般，从极为内敛到颇富张扬，如果说其内敛款多为明式家具早期的俊杰，那么，张扬款则多是明式家具晚期的翘楚。

对明式家具发展过程的观察、总结，笔者依据着一种方法论和操作方法，这就是考古类型学。考察明式家具各类器物的演变，考古类型学是重要的方法论。同时，它也是本书整体的理论基础。

有人甚至说，考古学在发掘之后就是类型学。考古类型学不仅适用于出土器物分析，也适用于其他各类有形的文化物质遗物的年代研究。俞伟超说：

> 类型学方法还主要被用来研究器物的演化过程。其实这种方法不仅可以研究器物的形态演化规律，人们制造的各种建筑物（包括墓葬）、交通工具、服装，乃至雕塑、书画等物品，都可以用它来研究其形态变化过程。总之，人类制造的物品，只要有一定的形体，都可以用类型学方法来探索其形态变化过程（当然也包括上面的装饰图案）。[1]

在下面，笔者归纳出的观赏面不断加大法则及六个层面，如果有人问，这个法则的学术逻辑基础是什么呢？答案也是考古类型学原理。

使用类型学方法对远古器物进行器物排队是考古学确定器物相对年代的重要手段。他山之石可以攻玉，这种方法在确定各个明式家具的年份早晚时也是行之有效的。

人类生产的各种器物（个别稳定性极强的器物除外，如石台阶、铜药杵子等），形态会随着时间的推移而变化，考古类型学原理正好可以在一般层面上解释明式家具的器物之变。

下面简要陈述一下考古类型学的基本理念和方法：

1. 器物分类。

考古类型学是根据历史遗迹和遗物的形态变化对其演化序列进行整理和分析的方法系统。而分类是演化分析的前提。将材质、功能、形态不同的家具分类后，才可以将各自的式样和装饰细部进行对比、联系，对其形态演变进行排队。所以在明式家具纵向的时间逻

1 王然：《考古学是什么：俞伟超考古学理论文选》页63，中国社会科学出版社，1996年。

辑关系（包括绝对年代、相对年代）的研究中，一般是要排除硬木之外材质，如柴木家具、雕漆家具，这是基本的前提。此后才可以对各种家具进行分类，类下分式，式下分型。

2. 器型排队。

考古类型学又称为考古标型学、器物形态学，其实就是"器型演变学"。其原理认为：人类生产的各种有形物（主要是器物）的形态一定是随着时间推移而变化，稳定性是相对的，变化性则是绝对的。器物类型发展变化应该是连续的、逐渐的、有轨迹可循的。通过器物合乎演变规律的排列，可以判定它们各自的相对年代。在形态上，相同或相似的器物，其年代也比较接近。器物的每一个变化都是一次历史脚步的前行，都带着各自时代的脉动。

考古类型学最突出的特点就是排序，是要确立一个有早有晚的相对时间序列。曾经有一个时期，它又被称为"器物排队"，为了通俗易懂，本书继续沿用。

器型排队的具体方法是在同一文化类型的同一式或同一型的器物中，比较其一个或几个细节部位的不同和变化，对它们进行合乎演变规律的排列，用以解决各类器物先后的发展关系。张忠培说：

> 在探讨不同时期的同一种器物的演变时，要从一个标准或一个特征出发，并始终以某一种标准或特征为主，兼及其他特征，考察它们之间的变化规律。[1]

在一个类别明式家具中，找到最典型的局部构件，按照其细部变化，可以推断、建立这个类别家具的时间序列。对它们进行合乎前后规律的排列，可以看到其年代由早至晚的发展和形态由简至繁、由空致实的基本演变脉络。

如此便可以描绘出各种家具各时期式样或纹饰的流变，并得到各个器物的相对年代。

3. 对形制及纹饰演变的研究作用。

从上世纪上半期开始，尤其是 50 年代以后，中国考古学在实践中完善建立起来的考古类型学，已成为研究古物不可或缺的分

1　张忠培：《地层学与类型学的若干问题》，《文物》1983 年第 5 期。

期断代原理和方法。它对于古代、近现代历史遗物研究都有方法论和实际操作意义，对于合乎上述条件的任何历史遗物都是可以使用的。

类型学对于变化明显、缺乏纪年的明式家具断代的意义不但是肯定的，而且是必须的。在实践中完善建立起来的考古类型学是研究明式家具分期断代和演变的必由之路。它对于尚处混沌状态的明式家具的分期断代工作，也是不可或缺的方法论和操作方法，它也是整理和分析明式家具形制及纹饰演化的方法系统。

考古类型学基本原理告诉我们：属同一种文化（应细化到子文化）系列的器物，自身发展是在同一链条上，其年代可以互相比较。要说明的是整个家具文化是一个母文化，而硬木家具、漆木家具、柴木家具、剔器家具，则各是其中的子文化。每个子文化中器型相同者为同一时期产物，差异越大者，年代距离越远。同一时期"物品所以做成某种形态，主要是由其用途、制作技术、使用者的生活或生产环境、制作和使用者的生活或生产环境、制作和使用者的心理状态或审美观念这几种因素所决定的"。在这个时期内，"如果这些因素基本无变化，已有的形态就会基本稳定不变。"其物品形态就呈相同和相近的形态。俞伟超说：

> 对人们的日常概念来说，这好像是多么不可思议呀！可大量类型学分析的实践，却一次一次地表明这的确是事实。[1]

黄侃说："中国学问有二类，自物理而来者，尽人可通。自心理而来者，终属难通。"如果将此论延伸到家具的流变梳理中，要做到"自物理而来者"，就需按照物质形态的逻辑找出合乎器型发展的排列，如此一来，器物之变庶几可通矣。

1　王然：《考古学是什么：俞伟超考古学理论文选》页 63，中国社会科学出版社，1996 年。

9. 黄花梨如意云头纹翘头案

黄花梨如意云头纹翘头案（图80）牙头继续扩大，牙头内卷云纹与牙板上的外卷云纹（图80-1）正反相对，上下呼应。腿上起两炷香线脚。

挡板壶门式开光内，大朵如意云头纹（图80-2）婉转内卷，其上加灵芝纹，下衬草叶纹，形式感极强。式样的增华也明确其年代更晚。翘头稍微变大，为鸟头形，而且翘头下端未盖在抹头外端。

一般而言，翘头和抹头上下非一木连做的做法，年份上晚于上下一木连做的。

图80-1 黄花梨翘头案牙头和牙板上的内外卷云纹

图80-2 黄花梨翘头案挡板上的如意云头纹

图80 清早中期 黄花梨如意云头纹翘头案

长 198.6 厘米 宽 49.7 厘米 高 86.2 厘米

（清华大学艺术博物馆藏）

图 81-1　黄花梨翘头案上的卷云纹牙头

10. 黄花梨卷云纹翘头案

黄花梨卷云纹翘头案（图81）案面独板，云纹牙头硕大（图81-1），云纹内翻，下加草叶花饰。翘头面阴刻卷书纹，挡板上雕多组更为变异的如意云头纹，翘头为鸟头形。

这张长不足1.7米的案子，体量不大，但沉稳厚重，各构件用材粗壮，侧脚明显。整个效果宽厚敦实，又具妍秀风韵，可见清早中期黄花梨家具用料的丰饶和设计的新意。明式家具在此时走向鼎盛。

图 81　清早中期　黄花梨卷云纹翘头案

长 166.4 厘米　宽 36.2 厘米　高 86.4 厘米

（佳士得纽约拍卖有限公司，1998 年 9 月）

11. 黄花梨如意云头纹挡板翘头案

黄花梨如意云头纹挡板翘头案（图82）案面独板，翘头面阴刻书卷纹。内卷云纹牙头（图82-1）进一步肥大，形如草叶，边沿委曲，用两枚圆珠加固牙头，一枚为草叶状。挡板上为两个如意云头纹（图82-2），整个制作大气磅礴而又委婉多姿。这种云纹的设计更为适应大型案体。这代表着设计制作的进一步由简变繁的发展，也表明下一代工匠要超越上一代工匠的实际作为。翘头为鸟头形，未盖住抹头下端。

图82-1 黄花梨翘头案上的卷云纹牙头

图82-2 黄花梨翘头案挡板上的如意云纹

图82 清早中期 黄花梨如意云头纹挡板翘头案

长258.9厘米 宽51.4厘米 高87.6厘米

（佳士得纽约拍卖有限公司，1998年9月）

在上一节，以考古类型学的理论和方法对卷云纹牙头案子进行了器物排队，以确定其时代先后。其实，从实践角度看，古典家具流通业和收藏界几十年的认知，与这种学理性的年代梳理结果基本一致的。

在以上数例卷云纹牙头案的排列中，似乎是在找寻一种规律，格物致知，寻求再小事物的发展规律也总是令人兴致勃发。在明式家具大致近200年的发展路程中，可否能找到一种可称为规律的尤物？可以，明式家具乃至明清家具发展的全程中，其主体和主流存在一种逻辑脉络和规则，笔者称之为"观赏面不断加大法则"。定义是：各个门类的明清家具，随着时间的推移，每发展一步，观赏面都会出现增益性的变化，形象上增加更多的信息。明式家具形态的发展过程是由简洁质素逐渐发展到绚丽繁缛。明晚期、清早期乃至此后的清中期、清晚期、清末民国，在硬木家具的发展链上，这种变化趋势从未中断。

在各个新的时期，每一种类的明式家具在形式上都有新的发展和突破，虽然表现出各自的形式独立性，但有共同的特征，就是视觉上一定有所增益。条条江河归大海，各种变化的最终的目标是不断加大观赏面。这个规定像是早已被历史写好的一样，掌控着家具形态发展大趋势。观赏面不断加大法则有六个层面的表现，为了形象说明六个层面，下面每题之中配有家具例子阐述。

第一层面：增加线脚、构件曲线的变化（简称"线脚"）。如黄花梨直牙头平头案（见图43），在牙头上增加了线脚。还有黄花梨卷云纹翘头案（见图81）牙板上出现剧烈卷动的云纹，挡板上出现多重的云纹。

第二层面：光素木质构件的组合（简称"组合"）。 表现为在器物上组合、增加光素木质构件，工艺为攒、斗、垛等，使家具"线形态"逐渐趋近于"面形态"。如黄花梨垛边条桌（见图147），垛边以加宽加厚立面。还有以攒接组成灯笼锦图案，以重复形式增加韵律感。如黄花梨曲尺纹架子床正围子（见图517）等。

第三层面：增加雕刻（简称"雕刻"）。一是构件由光素发展为雕刻，二是不断加大已雕饰的面积，刻画日趋纷繁。如黄花梨直牙头平头案（见图41）发展演变后，牙头由光素变为雕饰螭凤纹，成为黄花梨螭凤纹牙头平头案（见图53）一类作品。

第四层面：加大构件尺寸（简称"加大"），可分两类：

第一类，构件尺寸不断地加大或构件的弯曲度不断加大。光素构件尺寸加大是将有视觉观赏意味的光素构件尺寸加大。"有视觉观赏意味"是这种构件重要的核心。如黄花梨独围板罗汉床（见图487），构件质朴简洁，但至清早期，罗汉床出现"大挖马蹄"式的鼓腿，腿形如鼓，夸张动感。如紫檀鼓腿罗汉床（见图492）。同时，一些器物身高逐渐地加大。案、桌、几等高度都会随着时间变换而不断增高。

第二类，已雕饰的构件面积逐渐加大。如有雕工的罗汉床围板加高、桌椅床等器物的束腰加高、牙板加宽、牙头加大等。实例如明末清初黄花梨联三闷户橱（见图439），到后来牙板、挂牙出现纹饰并不断加大，至清早期，发展成为黄花梨螭龙寿字纹闷户橱（见图446）。

第五层面：增加构件（简称："增加"）可分两类：

第一类，增加木质装饰构件，包括逐渐增多各种雕饰的绦环板、花牙、挂牙、牙板以及挡板。以玫瑰椅为例，清早期前段黄花梨券口式靠背玫瑰椅（见图364），靠背上是券口式牙条，最后变为屏风式靠背玫瑰椅。如黄花梨屏风式靠背玫瑰椅（见图370）。

第二类，增加不同材质的构件，如镶嵌大理石板、瘿木、铜饰件等。时光更替，至清中期时期，家具上镶嵌瓷板、玉件、剔漆件、铜胎掐丝珐琅板等，不一而足。如紫檀嵌石板罗汉床（见图495）。

第六层面，改变造型和结构（简称"改变"）：

观赏面不断加大法则不但壮大着家具的雕饰，而且改变着家具的式样和结构，不但是小打小闹的改良，也有推到再来的革命。当原式样阻碍观赏面效应发展时，原造型和结构便被改变，典型的"改变"是由清早中期开始的。

在清早中期勃兴的家具式样大革命中，明式家具逐渐演变为清式家具，一系列清式家具出现。典型之一是架格，架格原有隔板结构为横向划一的构造，如黄花梨三面敞开式架格（见图449），主体构架为三层隔板，后来，架格上增加了围栏、竖墙、抽屉、柜门，破坏原有的式样，架格成为多宝格，如黄花梨螭龙纹多宝格（见图454）。其形态接近清中期之物。

特别要说明，在清中期后，以紫檀家具为代表的清式经典家具高峰过去了。清晚期、清末民初，在考究的市民阶层使用的硬木家具中，桌、案、几、椅、凳、柜、橱上广泛使用了大理石、瘿木。在桌几牙板下加通花板，足间加踏板。器物回纹马蹄足改为荷叶纹、螭龙纹马蹄足。还有，架子床变成了三块整木板门罩式等。

在硬木家具系统中，观赏面不断加大法则的效力像一个程序，安排着家具面貌之变化，长期一以贯之。特别应说明的是，在其他的大漆、柴木家具系统，这个法则也独自发生着效应，只是那是在另一条子文化发展链上，以另外的风貌呈现。

观赏面不断加大法则的效力，常态中悄无声息，点点滴滴，缓慢发酵。突飞猛进时，如一夜春风，万树梨花盛开。这些表现为第一、二、三、四、五层面状态。而扶手椅、多宝格等式样的出现、家具上侧脚的消失、独挺桌的引进，都体现了第六层面。

"观赏面不断加大法则"的六个层面，总体上是一种递进状态，但也往往同时发生。这是一个概念性的归纳，是对包括明式家具在内的硬木家具发展法则的提炼，有某种宏大叙事的意味。在此概念平台之上，纷繁的明式家具个例提出的挑战，不能说均可迎刃而解，但也基本是有章法可对付。而这个法则的总结又暗合着考古类型学的原则。

明式家具观赏面法则主要是对明式家具中不断发展的各类器物的总结。它关注着明式家具主流发展的基本面貌，即总结了明式家具的第一条发展轨迹上家具的发展。

第一条发展轨迹上器物发展构成了明式家具通向清式家具的脉络。同时，还有为数不多的家具发展形态与第一轨迹上的家具并不完全一致，更主要的是往往不使用雕刻工艺，而是以木构件的变化或线脚的增加来完成新的造型，它们构成了明式家具发展的第二条轨迹。黄花梨直牙头平头案（见图43）、紫檀鼓腿罗汉床（见图492）就是其中的两例。此外，还有发展变化明显迟缓、纹饰简单、与时俱进性差的器物，表现为旧款式上略带新时期的某种特征。它们是第三条发展轨迹上的产物，如黄花梨竖棖南官帽椅（见图361）。

以考古类型学观点看，器物的发展轨迹，在一条之外，可能还有第二条、第三条，明式家具也是如此。

这里特别分析一下明式家具第三条轨迹上作品存在的原因，它们大致应存于相对保守的制作中，或消费于相对不那么富有的人群里。

以现实的实例说明可能更形象。在当代城市建筑中，最主流发展的高楼广厦，几十年后与几十年前的设计建造一定是变化巨大，而且是逐渐的、一步步更美、更靓丽的，它们是建筑发展第一条轨迹的产物。但同城之中的边缘地带，也有一些建筑，几十年整体变化并不强烈，形态相对保守。不过，此类建筑上，细节上一定有新时期的符号，带有时代的烙印。它们也有自己的发展轨迹，可称为是这个城市建筑的第三轨迹作品。

清早中期以后，第一轨迹上的明式家具在"观赏面不断加大法则"的效应下进入了清式家具，第三轨迹上的家具往往更多地还表现为明式风格，但在细部上也带有了人们不容易发现的清式家具符号，它们与典型的明式家具已经不同。此时期的黄花梨家具制作，笔者称之为"后明式家具时代的器物"。其中有些式样与红木家具相近，上海行家称这种黄花梨家具为"红木的哥哥"，亦见其年代之晚近。尽管第三条发展轨迹上的器物形态滞后和稳定但它们仍然会带有新时期的时代烙印，或多或少有一定的变化，后一时期与前一时期完全相同的形态是不存在的。

12. 黄花梨螭龙纹翘头案

黄花梨螭龙纹翘头案（图83）案面独板，直翘头较小，下连抹头外端，为一木连做，这些都保留了传统的作法。卷云纹牙头较小，内卷。直腿下承托泥，挡板上壶门式开光形态变异，内雕对称的螭龙纹（图83-1）。双螭龙纹中为灵芝纹，下镂云头纹，其两旁为灵芝纹。灵芝纹早于明式家具而发生、存在，它被吸收到家具上的年代很晚，已到了明式家具的晚期，即清早期。

螭龙纹和灵芝纹结合，象征龙凤呈祥之意，同时表明较晚的年代。

明式家具中，牙头越来越大是一个基本的趋势，但主流之外，一直存在支流现象。如在晚期个别的案子牙头保留早期较小之态，而其他构件已明确其年份较晚，本案就是如此。

本案与下列的挡板所雕纹饰为螭龙纹，与此前所述之挡板上的卷云纹为两类纹饰。

图83-1　黄花梨翘头案挡板上的螭龙纹、灵芝纹和云纹

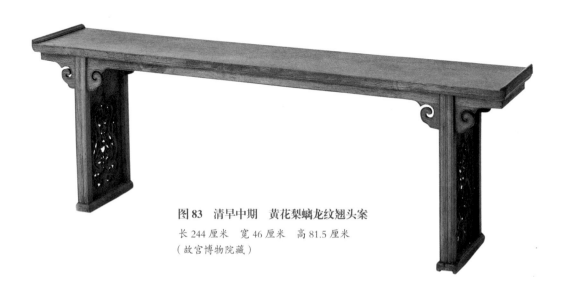

图83　清早中期　黄花梨螭龙纹翘头案

长244厘米　宽46厘米　高81.5厘米
（故宫博物院藏）

在清早期中，螭龙纹出现在明式家具上，并呈现"侧身、单目、张嘴"形象。而且，它们日益变化多样，形成丰富多彩的图像。在有雕工的明式家具上，螭龙纹几乎如影随身，若不是主要图案，也会以辅助纹饰存在。

螭龙纹之广泛流行，高比例存在，堪称明式家具纹饰图案之王。这种一螭独大的风景极为独特，在中华几千年历史长河的各类工艺品中未曾有过。

在清早期，明式家具上的牙头、牙板、挡板、围板、靠背板上，螭龙形象大小相杂，分别有双龙、三龙、四龙、五龙，甚至更多。最后也有简化成单个螭龙纹者。表达大小螭龙之间关系的第一种特点是大螭龙与小螭龙相互面对；第二个特点更重要，即张嘴相向，或是大螭张嘴，或是小螭张嘴，或是大小螭一同张嘴。子母螭凤纹与子母螭龙纹相对应，在家具上也可以见到。这种张嘴螭龙成为明式家具中的独有形态，鲜见于其他工艺品。"一螭独大"和"张嘴相向"的现象如何解读呢？

古文献中，对神话传说中的动物有纷纭的注解，随意找出一条相关史料就是一个说法，而另一条史料可能又为另一观点。螭龙作为传说中的瑞兽，相关记载和注释纷繁，莫衷一是。但是在具体的家具研究课题中，有针对性的史料价值者则少之又少，想找到逻辑关系紧密的史证非常之难。如史料记载：

初，汉高祖入关，得秦始皇蓝田玉玺，螭虎纽，文曰"受天之命，皇帝寿昌"。高祖佩之，后代名曰"传国玺"。

此段话意为秦始皇玉玺上雕有螭虎，其后各朝纷纷仿效，常以螭为纽制作宝玺。这类史料可以表明，历史上的螭龙纹代表高贵和权力，但这与明式家具上的螭龙纹没有逻辑关系。

在本书各章节中，笔者会解读明式家具上常见的喜鹊纹、麒麟纹、螭凤纹、鸾凤纹等，这套符号基本是喜庆祈子、夫妇和美及女性象征等家庭观念的概念表达。相对于"喜鹊登梅""麒麟送子"、螭凤纹等图案，螭龙纹的含义似乎比较隐晦，解读难度大一些。

任何学科研究的结论必须有证据支持，任何理论框架都需要众多的细节辅证。但是，当史料细节意义不明时，理论框架又可以反过来作为一种方向的指导，提供一种基本思路，进而再以具体相关史料证明。根据对明式家具其他各类图案主题的总体研判，启发笔者认为螭龙纹也应是这种观念框架中的概念表达。

螭龙纹兴起于春秋战国，盛于两汉，此后历代螭龙纹基本沿袭汉代螭龙造型。在大量出土的汉代玉器上，螭龙纹样盛极一时。汉代玉剑璲和玉璧上的图案中，常有一大一小两条螭龙，往往大螭龙占据器物的大部分空间，而小螭居于一隅。大螭龙、小螭龙两首相对，或是大螭龙回头顾看小螭龙，或者小螭龙回首仰望大螭龙，都表达了一种特殊的、和谐的两辈间的亲密感。

螭龙纹经过汉魏时期的盛行，至唐代衰落。宋代复古风行，至明代，复古更盛，仿古题材的螭龙纹卷土重来，广见于各类工艺品上，明朝称此种大小螭龙为子母螭。子母螭形象在明代的玉器等多种工艺品中广泛传承、流行，形象基本沿袭汉代，直至清代。

图形表达复杂的观念，概括一种事物，象征某种逻辑，这从先古以来就广泛存在。任何图案符号都是历史的产物，其含义在历史长河中不断有所演化，会随着环境变迁产生新的意义，或丧失旧的内涵。

清代以后，在各类绘画、工艺品上都出现了大小龙的形象，有螭龙纹也有云龙纹，都被赋予苍龙教子、教子冲天的含义。

明式家具从光素走向图案装饰后，将子母螭龙"教子冲天"的社会含义引申为家庭教育的象征，教子的含义在使用中进一步被深化，以子母螭龙为主体的螭龙纹体系应运而生，成为明式家具图案的主流。

在所有的古代工艺品中，只有明式家具上的螭龙纹最多，这绝非偶然。广泛的教子符号代表着器物主人对于后代成才的祝愿和激励。明清时期科举制成熟，教子成才与读书、科考、成就人生的社会大背景相关联。新婚之际，祈子、教子已成重要的家庭主题。小小的螭龙纹其实折射出清早期学子们可以通过学习考试向上流动的社会机制。

文学中拟人化的修辞方法是把本来不具备人的动作和感情的事物形容为具有和人一样的动作和感情。子母螭形象则是在绘画中以动物象征人类，子母螭龙被赋予了人格，再现一个家庭的成员及其关系。大螭龙对小螭龙的教育、教训的神态，构成子母螭形象的基本要素。怒张的大嘴成为教子特征，成为彰显其意的符号。巧匠大手笔地删却繁琐细巧，将张嘴的形象概括、提炼成为一种形态夸张、含义明晰的标志。

明式家具出现子母螭龙"侧面、张嘴"形象前，螭龙纹在各种工艺品上呈现的是正面闭嘴形象。如果说不敢断言"张嘴"这个形象首先形成于明式家具上，那么它最集中、最多地表现在明式家具中是无疑的。只有明式家具上有如此之多的张嘴螭龙，其原因与明式家具制作的功用相关。

螭龙纹是横跨于柴木和硬木家具两界，贯穿于明式家具与清式家具全程的纹饰，它是明清家具纹样的核心。所有的历史图案碎片都有其历史含义。螭龙纹背后是一条完整的历史观念和社会价值链。

无处不在的螭龙纹数量如此之大、形式如此之多、时间跨度又如此之长，会令人不由自主地思考，那个社会为什么没完没了、翻着花样雕刻这种图案？是否还有更具体而微的原因。这需要更深入的研究，笔者权且表述两个推论：

一是对于螭龙纹存在类似图腾式的崇拜，尽管图腾是远古蒙昧时期的产物，但在求学、科举求仕的狭窄小路上，任何时代的人都会产生一种求神心理，求助超自然力量帮助自己获得成功。这也有些像为了求子，便在婚娶活动中使用麒麟纹、石榴纹一样。螭龙纹在明式家具上大行其道，这是当时的科举制度下强大的社会心理的反映。

二是当时还可能存在一种风尚，有没有这种教子符号成为区别一个家庭高贵优秀与否的一种标志。使用螭龙纹可以赢得社会尊重，一个家庭或家族高调炫示这种教子纹饰，能够获取社会的推崇和赞誉。这种纹饰是追求社会身份和个人品位的表现。

古人认为，图像和实际意义间有一种神奇的关系，图像就意味和等同于人们要表达的那件事。后来，演化为同音、形似之物都有了实际的意义。

13. 黄花梨螭龙纹翘头案

黄花梨螭龙纹翘头案（图84）云纹牙头内卷，其上牙板上镂出外翻卷云纹，两者上下错落、左右翻卷，柔美曲线带来了别样的审美观感。其牙头的打造之功较之此前数例更进一层。

直腿面上中有双线，贯通上下，另外各有一单线居其左右混面之间。托泥上挡板开光，雕左右相对之螭龙纹（图84-1），尾羽上扬，其上两旁云朵纹密布，其下为山形纹。雕工有力，形象生动，气象庄重而又秾丽纷繁，呈现出斑斓绚烂的气象，整器代表明式家具鼎盛时期的宏大气魄。

人事有代谢，往来成古今。一系列卷云纹案子由内敛简洁发展至华滋富丽，它们就是整个明式家具早、中、晚、末四期发展的缩影。

图 84　清早中期　黄花梨螭龙纹翘头案

长 320 厘米　宽 72 厘米　高 83 厘米

（香港两依藏博物馆藏）

图 84-1　黄花梨翘头案挡板上的螭龙纹

本书中常常提到观赏面不断加大法则，进一步探讨，其底蕴是明式家具艺术创造和审美本身的规律，同时也受到各时期经济、文化、生活环境的支持或制约。它背后还有另外的决定力量，一是匠师职业上争雄逞强的心理和制作，二是市场的奖励机制，那些人无你有、人有你多、人多你好、人素你华的器物，一定是消费者的宠儿，受到欢迎。尤其对于黄花梨、紫檀这类奢侈性消费品，市场尤其青睐那些富丽华美、新奇相竞的制品。

如果对观赏面不断加大法则进行理论解读，在中外古今艺术理论中，不难找到相关的阐释。如在文学研究中，南朝梁萧统《文选》序中，提出了"盖踵其事而增华，变其本而加厉。物既有之，文亦宜然"。踵，继承。华，光彩。"踵事增华"说的是文章发展的规律，认为文学发展的普遍形态是由质朴走向华丽，由简洁趋向繁复。它指出了文学发展的普遍态势，后来成为对于事物变迁发展的一种基本概括。它抽象总结了世间诸多事物形态和审美的走向，用于解释明式家具也颇有意义。

20世纪最有影响力的英国著名艺术史家贡布里希称此类现象是"名利场逻辑"导致的。他说：

在艺术中有种竞争的因素，它的目的在于把注意力引向艺术家或他的赞助人，要证明这一点无须滔滔宏论。下面的这些关于法国哥特式教堂高度的数字不言自明，无需进一步解释：

1163年，巴黎圣母院开始了创造纪录的建造，结果拱顶拔地114英尺8英寸。1194年，沙特尔教堂超过了巴黎圣母院，最后达到了119英尺9英寸。1212年，兰斯大教堂耸然而起，高达124英尺3英寸。1221年，亚眠教堂达到了138英尺9英寸。1247年的一项工程为博韦教堂唱诗班席建造拱顶，其高度为距地面157英尺3英寸，使这种破纪录的竞争达到了顶峰——结果这些拱顶都于1284年崩溃坍塌。这些数字强有力地暗示了一种"看我的"竞赛——每座城市应该知道先前的纪录是什么。这些数字也使我们想起这样重要的事实，即艺术中的竞争不一定是件坏事。在名利场上有一些优美的结构物，它们是由想战胜毗邻的欲望而促成的，同样，在艺术中也有一些伟大的成就，这些成就当然是艺术家想与同行们竞争，并且要超过他们中的皎皎者的欲

望而促成的。[1]

贡布里希还说：“一切艺术家都必须是机会主义者。”[2]“过分的道德严肃性可能会扼杀艺术。”[3]

贡布里希的友人波普尔最早对历史决定论提出挑战，他指出：“强调把艺术看成是正在变动着的时代精神。我知道我和贡布里希一样，认为这些艺术理论在理智上是难以理解的，……它们的问题产生于一种误解的社会学。”[4]

贡布里希认为，艺术发展是艺术家不断解决由社会和艺术传统自身所提出的“问题”过程中形成的。他用“问题情境”解读艺术史，似乎是在艺术制作发生当中来看待问题。

黑格尔以来的历史决定论、“时代精神”论，国人广为信奉，它认为一段历史的时代精神决定此时期的一切，包括艺术和艺术品。而每件艺术品都可以反映这个时代。“时代精神”是指每一个时代都特有的普遍精神实质，是一种超脱个人的共同的集体意识。

笔者在表述贡布里希学说同时，也将黑格尔理论并陈其上，对两者不作价值判断。但是，笔者认为“问题情境”和“时代精神”两者在某些部分似乎并不冲突。任何人解决任何问题，都是站在当时社会基础上的，是在当下的“问题情境”之中，一点一滴地完成对前代的超越，产生新的作品。人们一定受到现实和传统的制约，只能在已有的现实面前再向进一步。如此，众多的新个例就有了规律性，呈现出一个时代的面貌。

1–3 〔英〕贡布里希著，范景中译：《理想与偶像》页 100—101、147、141，上海人民美术出版社，1989 年。

4 〔英〕贡布里希著，范景中译：《理想与偶像》，页 362，上海人民美术出版社，1989 年。

（六）钩云纹牙头型

钩云纹牙头形态是牙头下端云头上出尖钩状，故称为钩云纹。

从实物看，钩云纹牙头案子主要为清早期以后作品。

前几十年，在地毯式搜索黄花梨家具遗存大潮中，实物大多数来自非大城市或非城市中心地区。可以推想，清中期以后的几百年风云变迁，黄花梨家具在上层社会边沿化的同时，经历着大规模的、漫长的毁灭，所以有些明式家具早期实证不可见，是因为历史风烟的扫荡。但作为研究，必须仅就现存实物说话。如仅见清早期之物，应"有一份资料说一分话"，就事论事，尽量少作推想。

钩云纹牙头案子从腿部看，大致可分为梯子枨体、托泥体、香炉腿体，其中含有闽作和苏作的不同式样，下面分别观察。

1. 紫檀象面纹平头案

紫檀象面纹平头案（图85）纹饰主要布于牙头及其上方牙板上，左右对称的象面纹口鼻处镂挖成空，如钩云状，为传统云纹的变体。三个卷珠形纹饰将象面妆点得更活跃。其两旁牙板上的回字纹表明其年代是清早中期的制作。

在先秦以来的青铜等器物上，回字纹历代相沿。但明式家具上的回字纹发生年代不能以这些工艺品为参照，明式家具上的回字纹是由拐子螭龙纹变迁而来，表现出与传统纹饰的殊途同归。这也是一个新时代开始的标志。回纹在装饰上的强大张力焕发在家具之上，其生命活力在以后将亦发彰显。

图85　清早中期　紫檀象面纹平头案

长 226 厘米　宽 80 厘米　高 86 厘米

（选自王正书：《明清家具鉴定》，上海书店出版社）

象纹在明式家具末期中才出现。从当时其他工艺品上看,其寓意为太平有象,如清代"雍正尊亲之宝"(图86)之钮上,雕有卧象纹和花瓶纹(图86-1),取"瓶"和"象"谐音太平有象,表明清代雍正时期对象纹吉祥之意的推崇。

虽然笔者不同意在不同工艺品之间进行年代比较,即以彼种工艺品的年代说明此种工艺品的年代,但是作为文化现象,不同工艺品间可以相互参照说明。

紫檀家具为清中期清式家具的主体,它在明晚期至清早期的明式家具中都有存在,但数量极少。

史料对当时紫檀与黄花梨的相关价值有若干记载。据明隆庆元年(1567年)的《两浙南关榷事书》开列的"各样木价",当时紫檀木价为黄花梨、乌木的2.5倍,为铁梨木的5倍。《两浙南关榷事书》开列"各样木价"载:

(黄)花梨每斤价银四分,乌木同,铁栗(力)仅二分,而紫檀每斤为银一钱。[1]

粤海关为清乾隆二十二年"一口通商"政策下保留的唯一中国海关,《粤海关志》大致反映乾隆二十二年至鸦片战争前80多年间的广东海关情况,为清代举人梁廷枏在道光十九年(1839年)编纂。

《粤海关志》卷九《税则》载:

紫檀器、檀香器、影木器每百斤各税九钱。凤眼木器、花梨木器、铁梨(力)木器、乌木器每百斤各税一钱。[2]

图86 清雍正 "雍正尊亲之宝"印文
(故宫博物院藏)

图86-1 清雍正 "雍正尊亲之宝"印上的卧象纹和花瓶纹

---

1 (明)佚名:《两浙南关榷事书》,转自王世襄:《明式家具研究》页139,三联书店香港有限公司,1989年。
2 (清)梁廷枏:《粤海关志》卷九"税则";转自王世襄:《明式家具研究》页139,三联书店香港有限公司,1989年。

可知，从清代乾隆二十二年（1757年）至鸦片战争（1840年），一口通商的几十年间，广东海关税则上，紫檀为黄花梨、乌木的9倍。又：

紫檀每百斤税九钱，紫榆每百斤税三钱。紫檀、紫榆对报每百斤税六钱。花梨板、乌木每百斤各税一钱。番花梨、番黄杨、凤眼木、鸳鸯木、红木、影木每百斤各税八分。

由此确知，明清时期紫檀木价和税率为百木之首。王世襄据清代《圆明园物料轻重则例》统计制表，记录核算了以下一组数据，说明清廷造办处对紫檀木、桦木、黄杨木、黄花梨、楠木等木材每斤的银价、每立方尺的重量核算及银价规定，现按每斤银价高低编列如下（括弧中的银价，原条目未有，为王世襄换算得出）：

木 名	每立方尺重量	每斤银价	每立方尺银价
紫檀木	70 斤	2.2 钱	（154 钱）
桦 木	45 斤	（2.13 钱）	95.67 钱
黄杨木	56 斤	2 钱	112 钱
花梨木	59 斤	1.8 钱	（106.2 钱）
楠 木	28 斤	0.5 钱	（14 钱）
南柏木	34 斤	（0.35 钱）	12 钱
杉 木	20 斤	（0.27 钱）	5.41 钱
北柏木	32 斤	（0.2 钱）	6.4 钱
樟 木	33 斤	（0.19 钱）	6.25 钱
槐 木	45 斤	（0.14 钱）	6.4 钱
榆 木	45 斤	（0.14 钱）	6.4 钱
椴 木	20 斤	（0.1 钱）	2 钱
柳 木	25 斤	（0.05 钱）	1.3 钱

以上文字，说明了紫檀明式家具器少价高之因。清中期乾隆朝国力强盛，整个社会上层疯狂钟情于紫檀木。由这里的数据大概已经看出后来紫檀风尚的端倪。

2. 黄花梨螭龙纹翘头案

黄花梨螭龙纹翘头案（图87）案面独板，大翘头，如鸟头形，与抹头一木连做。此种翘头巨大，正面露出连做部分木头的横茬。牙板和牙头上布满浮雕拐子式大小螭龙纹。方腿正面圆混，足外撇，称为"香炉腿"。挡板开光内透雕大小螭龙（图87-1），下方为两条大螭龙，张嘴瞠目，威严猛烈，形态已为拐子化。上方为三条小螭龙，且中间有圆形图案，以形成方圆对比。以此进一步的设计之变，亦证明其年代偏晚。

足间横枨为梯形格肩榫（图87-2），这种榫头年代偏晚。此类案面独板、大翘头、香炉足和挡板上的螭龙纹神态凶猛的翘头案，基本属于闽作。

螭龙纹尾端已演变为与回纹结合，牙板中间螭龙体团寿字表现为向美术体团寿字过渡的形态。

图 87　清早中期　黄花梨螭龙纹翘头案

长 164.1 厘米　宽 33.6 厘米　高 89.6 厘米

（故宫博物院藏）

明式家具基本都存在这种情景，雕刻工艺出现后，越是有特殊功能的种类，越雕饰繁华绚丽。越上乘的家具越要符合当时人的生活审美体验。这些大案都说明了这一点。

牙头上成组的回纹、挡板上华美的雕饰、足间横枨上的梯形格肩榫、香炉足，这些要素构成了本案年代的观察点。

以下数例案子均为翘头案，亦均为足部外撇的"香炉腿"。这种腿形区别于有托泥的直腿。在闽、苏两地均有香炉腿，也均有托泥直腿。尽管苏地数量较少，但不是没有，其两地两种腿形的具体区别更待细究。

子母螭龙纹寓意为苍龙教子，是明清家具上最主要的纹饰。这种纹饰常盛不衰，其原因是代表着教子、读书、科举成功的观念。这是这个时期各个富裕家庭的核心价值，反映整个社会的心理诉求。

图 87-2 黄花梨翘头案足间横枨上的梯形格肩榫

图 87-1 黄花梨翘头案挡板上透雕的大小螭龙

明清时期，家族制为家庭的组织形式，维护家族制的一个重要手段是祭祀家族的祖先，即家祭。家祭包括有祠祭、墓祭和寝祭三种。祠祭是大家族成员在专有的家族祠堂中进行祭祖。墓祭是家族成员的扫墓祭祀。在一个大家族中有许多个体家庭，他们单独的日常的祭祀祖先和各种神灵的活动则是在自己家里的厅堂或正屋中进行，这就是寝祭。

寝祭祖先有不同形式：供案和供桌上供放着写有祖先的名字的木制牌位，或祖先塑像，或祖先的画像。家祭的时间一般是在各大传统节日、节气日和祖先的生日、忌日，繁勤者则在初一、十五甚至天天祀拜。还有是在生子、婚娶、中举、升迁等重要时日。祭祀的意义，一是缅怀、纪念祖先；二是以此控制家族人员的生活。[1]

寝祭中还包括对于自然神和佛道儒神祇的祭拜，在牌位中写上"天地君亲师"等，将天地间各种自然神、国君、祖先、先师等一并祭祀。

各类大案为祠堂或厅堂重器，用于供奉祖先牌位。它们自然地要表现出神圣、豪华的意象，以高大豪奢隐喻一种特殊存在。人们喜欢让它有足够的气场，高大华丽中显露着煊赫之意。其制作中追求高大、厚重、绚丽的气派，以加强对神明的尊重和肯定，加强对凡人的震撼。它要有意拉开与常人的距离感，要崇高而非平实，要铺张扬厉而非单调内敛。

人的身体是一个自然尺度标准，当器物大于、甚至远大于人体的高度和宽度时，它就会产生崇高、巨大之感。当家具尺寸超乎人体的体量，会强化它所体现出的精神内容。同时，在年代上，大体量之器普遍为清早期以后制作，亦是观赏面不断加大法则效应的一种突进。

家庭厅堂中，供案又可以作为日常用具，体现了家庭主人的社会地位、财力和精神旨趣，彰示着家族的富裕和地位，是宣扬社会身份的工具。体量和纹饰都代表着权力、尊严、财富等社会象征。如《管子·法法》云："为雕文刻镂，足以辨贵贱。"《荀子·富国》亦云："故为之雕琢刻镂，黼黻文章，使足以辨贵贱而已。"

大案常常作为供案使用，但其挡板上常见之螭龙纹寓意为苍龙教子，而且还有凤纹、麒麟玉书纹等，这些与婚庆相伴的纹饰，必然让人做出这样的判断，它们是婚嫁时置办的。与卧室家具一样，厅堂家具也是雕刻装饰领域最早的闯入者和领跑者，同时也是最富年代特征的标杆。

---

1 张岱年：《中国文史百科》页 244，浙江人民出版社，1998 年。

3. 黄花梨螭龙纹翘头案

黄花梨螭龙纹翘头案（图88）全器巨大，牙头部分进一步宽大。螭龙纹与成组的回纹充满牙头、牙板（图88-1），纹饰更富庄重，有方正之慨。回字纹上的"塔式"花苞纹为草叶式螭尾纹的衍生形态。托泥挡板上壶门式开光中透雕一对子母螭龙，中间为团寿纹（图88-2）。

从成组的回纹和寿字纹看，此案年份为清早中期。此案体态硕大，装点纷繁，见证着一个富裕时代的奢华和精丽，它也是钩云纹牙头案子长久发展的结果。

图88　清早中期　黄花梨螭龙纹翘头案

长 299 厘米　宽 58 厘米　高 94 厘米

（北京元亨利艺术馆藏）

图 88-1 黄花梨翘头案牙头牙板上的螭龙团寿纹

图 88-2 黄花梨翘头案挡板上的螭龙团寿纹

4. 黄花梨钩云纹翘头案

黄花梨钩云纹翘头案（图 89）独板为面，翘头巨大，与抹头一木连做。钩云纹牙头曲线奇异。牙板两端面上雕有变异抽象的螭龙纹和多组方正的拐子回纹（图 89-1），流动之态与庄重之感交替分布。牙板中间饰变体寿纹，形似拐子纹。直腿混面，两边起线，足稍外撇。前后腿间挡板挖壶门式开光，其上透雕一只团形螭龙纹（图 89-2），龙口大开，目光有神，身尾绕头，环绕开光四周，表现出极高的雕刻水准。

图 89 清早中期 黄花梨钩云纹翘头案

长 275 厘米 宽 45.5 厘米 高 93 厘米

（中贸圣佳国际拍卖有限责任公司，2018 年春季）

· 128 ·

图 89-1 黄花梨翘头案牙板上的螭龙纹和拐子回纹

图 89-2 黄花梨翘头案挡板上的团形螭龙纹

（七）多弧线牙头型

多弧线牙头形态为牙头牙板一木连做，牙头下沿有多个弧线修饰。

1. 黄花梨象头纹翘头案

黄花梨象头纹翘头案（图 90）案面独板。翘头与抹头一木连做。牙板与牙头一木连做，牙头下沿有三重弧线。腿上端处左右牙板上各雕象头纹，其两侧为回字纹。腿足外撇，挡板上雕螭龙纹，身尾上扬，成团状。

图90　清早期　黄花梨象头纹翘头案

长 234 厘米　宽 43 厘米　高 91 厘米

（中国嘉德国际拍卖有限公司，2010 年秋季）

2. 黄花梨可折叠行军案

黄花梨可折叠行军案（图91）代表着一种特殊式样。其抹头下固定侧牙板，侧牙板内两端上有臼窝，可纳入前后牙板两端的圆形转轴，故侧牙板木断荏外露。牙头下沿有两个弧线。

四腿可拆，拆下后牙板可向内侧转动放平。四腿亦可放入案底下。腿起瓜棱线，腿间双枨亦周身起线。因可折叠，利于运输，故俗称"行军桌"，实为案形结构。

长101厘米 宽50.5厘米 高82.5厘米

图91 清早期 黄花梨可折叠行军案

二、插肩榫案式

插肩榫案子演变的发展脉络是：由光素到雕琢纹饰，由四足侧脚变为四足垂直。分型上大致可分为无牙头型、云纹牙头型。实例如下：

（一）无牙头型

1. 黄花梨单层牙纹平头案

黄花梨单层牙纹平头案（图92）的插肩榫与壶门牙板相交，相交处形成大圆弧。构件上光素无起线。腿足部两侧有一层牙纹。

这种腿形俗称"宝剑腿"，多见于大漆平头案上，明式家具制品较少。早期此类案子腿足上，牙状纹饰处理得都极其收敛。

腿足高度仅为74厘米，表明日久磨损巨大，也是认定其年份偏早的一个佐证。

图92 明末清初 黄花梨单层牙纹平头案
长 127.3 厘米 宽 40 厘米 高 74 厘米
（选自安思远：《夏威夷收藏中国硬木家具》，美国檀香山艺术学院）

图 93-1 紫檀平头案足部上的云头纹

2. 紫檀多层牙纹平头案

紫檀多层牙纹平头案（图 93）形态为壸门牙板、插肩榫。足部下部两侧有多层牙纹装饰，曲线起伏优美。足部正面浮雕云头纹（图 93-1）。牙板和腿足边沿起线。

插肩榫案子发展后，腿部构件上出现多层牙状装饰，并逐渐向上排列。

图 93 清早期 紫檀多层牙纹平头案

长 95 厘米 宽 50 厘米 高 82 厘米

（选自蔡辰洋：《紫檀》，寒舍出版社）

图94-1　紫檀翘头案的云纹牙头

（二）云纹牙头型

1. 紫檀云纹牙头翘头案

　　紫檀云纹牙头翘头案（图94）插肩榫两旁出现了云纹牙头（图94-1），牙板上也有了尖牙纹，腿足上饰一炷香线脚，这些均为年代较晚的变化。

　　最早的插肩榫案子原本没有牙头，发展到清初乃至更晚，为了更生动的视觉，原本是夹头榫上的云纹牙头被移到插肩榫上，插肩榫案出现了云纹牙头。以后，这类牙头上还不断地增大变异或雕卷草纹饰。

图94　清早期　紫檀云纹牙头翘头案
长121.7厘米　宽30.5厘米　高82厘米
（选自安思远：《洪氏藏木器百图》）

2. 紫檀回纹平头案

紫檀回纹平头案（图 95）侧脚似已消失，四腿近于垂直。此案牙板、牙头和腿足上出现若干横线和回纹（图 95-1），侧脚显然不适宜这些纹饰，因此，四腿必须走向垂直。

早期黄花梨插肩榫案腿足部多以上下竖向线脚做主体装饰，所有线条非为横向，更无回纹。它们侧腿没有违和感。清早中期，案子腿部或牙头上出现横向纹饰，于是，侧脚逐渐消失，腿足慢慢变为垂直形态。

云纹式牙头在此案上更是放手一搏，牙头变异，形如建筑斗拱结构中弓形的"拱"，支撑着牙板。这是云纹牙头体量扩大后出现的一个新式样，插肩榫案子此前未有过此类设计。足部为变异的仰覆云纹式，尤其是其上浮雕相反的回纹，都表明其接近清中期风格。前后腿间的拉枨下移，为变异形态，前所未有。

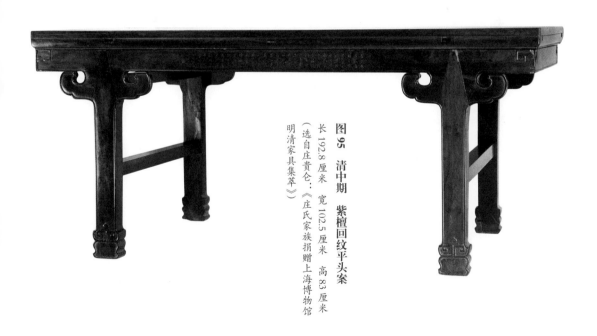

图 95 清中期 紫檀回纹平头案
长 192.8 厘米 宽 102.5 厘米 高 83 厘米
（选自庄贵仑：《庄氏家族捐赠上海博物馆明清家具集萃》）

紫檀回纹平头案实际也是清早期黄花梨插肩榫长凳（图96）一类造型的发展式样。不过是案子有一系列细部的变化：云纹牙头加长，牙板平直，侧脚消失殆尽，牙板增加了回纹，足为仰覆云纹式。

总之，紫檀回纹平头案表现出明式家具插肩榫案子走入最后时光的特征，一切与早期风格相去甚远。

图96　清早期　黄花梨插肩榫长凳

长103厘米　宽33厘米　高47.1厘米

（选自《风华再现——明清家具收藏展》）

图97　清中期
黄花梨拐子螭龙纹平头案（局部）

（美国华盛顿弗利尔美术馆藏）

3. 黄花梨拐子螭龙纹平头案

黄花梨拐子螭龙纹平头案（图97）牙头方正，底端为弧线，牙头上旧日云纹状装饰变异为方形，上雕有横平竖直的拐子螭龙纹。腿足垂直，这种方正的图案形态必须以直腿支持，故侧脚消失了。侧脚在历史新时期的审美中，败给了横平竖直的的纹饰。这就是清中期插肩榫和夹头榫案子的侧脚退出历史舞台的原因所在，图案强大的威力改变了家具大形态。

早期明式家具呈现出光素简洁风格，有论者称此是因制作者喜爱材质之美不忍雕琢，或因使用者志乎于"灿烂之极，归于平淡"之道。实际上，明式家具相当长的时间处于光素形态，非意志不为，实工艺不能为。明晚期至明末清初，黄花梨家具制作已经风生水起，但雕刻工艺及相关的图案设计和工艺尚在孕育之中。光素是当时的工具、工艺技术综合因素下的产物。

任何一种器物装饰风格的出现和形成都是以工具和技艺的突破进步为前提的，工艺品的发展史，首先应着眼于工艺的发展。与雕刻相关的工具、技艺一定是迟来的。一段光素的长路跋涉后，雕饰工艺才会来临。早期和中期的明式家具有漫长的光素过程，其间家具出现两个特点：

一是光素期家具式样（"骨骼"）形态达到充分的发育。

二是光素器物的发展是不断"破坏"光素的过程，简约的变异就是颠覆、结束简约的历史。

明式家具有雕饰的高峰阶段，那么此前就会有初起和发展阶段，不可能同时就有了成熟发达的雕饰工具和工艺。光素状态肯定也必须地存在于一定的时期，而且延续在相当长的时光里。

传统实用工艺品的视觉宿命是图案装饰，光素的明式家具即使加上多变的线脚，最终也不可抵挡这种命运。纯粹的光素家具，尽管木材上有所谓行云流水般的花纹和光润的质感，但其素穆和单纯是优点也是缺点。为了更活跃视觉，人们总是要寻求装饰化的趣味，要求新的超越性的审美愉悦。

千百年来，民族传统的欣赏习惯造就了对活泼视觉效果的追求。一个民族的生活美学和器物美学是成百上千年的积累和传承，它们刚性地左右着人们的生活和器物发展。雕刻装饰可以带来官能性愉悦，就是人最简单、最直接、最本能的愉悦感，有意味的符号图案更符合民族的社会心理和审美需求，浑金朴玉永远需要高手加以修饰打造。

局部图案雕刻的出现是明式家具由光素简约走向雕饰繁复的信号灯，代表着装饰之路的开启。此后，雕饰工艺逐渐成为器物的主流。

光素器物是由狭义的木匠完成，他们以锯、刨、凿、斧、锉为工具，锯于线、刨于面、凿于榫，制作出直、曲、圆的构件，或加之线脚修饰，最后组合成器。一旦，某个构件或整器需雕饰，那就要交付另一作坊或另外的人员，由另一种技艺的木匠，即雕花匠师以雕花工具完成。

这种不同工种合作完成的雕饰家具就是一种复合工艺品。雕饰工艺代表了对更高品质的追求，首先，构图设计就是前所未有的、超越性的挑战，这要求图案与家具构件的自洽圆融。雕饰图案的构想、放置的位置、尺寸的确定，一定是由审美素质较高、经验丰富的斫轮老手承担。其次，大多数图案绝非简单铲地凸显图案轮廓，而是要准确再现或表现对象。如螭龙、螭凤、凤、麒麟、喜鹊的面目表情、体态，卷草形态的宽窄薄厚、草叶的反侧效果等，均要达到极高的水平。

原始光素家具和雕饰家具之间以图案雕刻为界石，明式家具的雕刻依赖于雕刻工具、雕刻技艺和图案设计的发展和推广，甚至可以说依赖于另一脉人力——雕花匠师的加盟或合作。雕饰是另一种工具和技术，是另一种劳动分工，是更多的社会协作，是附加的成本。

总之，各种图案雕刻的前提条件是：专门的雕刻工具、训练有素的雕刻技艺、专门的设计绘图技艺和不同工种间的合作协调，有雕刻图案的家具在审美上成为更高范畴的作品。

家具雕饰发展的过程是从无到有，从极少到极丰富。黄花梨家具自身的奢侈消费品属性，更加决定了其秾丽繁华的装饰和富贵堂皇的风尚在明式家具鼎盛期一定会强势来临。

到清早期以后，雕饰横扫各类硬木家具，造就了大量华美富丽的器物。其绚丽的面貌打通了硬木家具与传统工艺的审美脉络。光素时代的结束以点缀性的局部雕刻出现为标志，早期雕刻主要表现在：

一是观赏面中心视点，如椅子靠背板上。

二是左右对称点，如案子左右牙头、双腿、左右挡板之上，这种对称格局的审美符合人的左右眼结构。

更进一步，雕饰达到高峰，此时为清早中期，即康熙朝末年至乾隆朝初年。此时期，明式家具雕饰已呈现出强烈的求满倾向。在装饰格局上，除中心点装饰、局部对称装饰外，还有条带式装饰和整面满雕式装饰。雕刻纹饰图案有时不仅是附丽在原有式样上，同时还引导了家具式样的改善和美化，装饰和式样融为一体。这些成为清乾隆朝不厌其烦、过分装饰的先导和铺垫。传统观点认为，繁缛富贵的风格属乾隆朝所为，实际上，此风发端于康熙朝，清中期继承发展后进一步铺张。

光素器物可以满足人的基本需求和基本的美诉求，符合当代以"自然"为尚的观点。尊重材料，简化繁杂，这都是现代人推崇的基本价值，当代人赋予了它更多的尊敬。近百年来，简约主义审美观念深入普及，人们对于线条明快、光洁朴素的设计倍加赞赏，这些笔者无不认同。但是尊重历史，更应从历史主义角度看待古典作品。历史主义认为历史人物、历史事件都是一定历史条件的产物，要站在历史的时间点，从那些具体的历史条件出发，对它们进行分析和评价。图案装饰在制作中是用更多的劳动力、更大的工艺难度，是另一种技术，是形式的增益和外观的丰富变化。它美化造型同时，又富有相对独立的审美价值和文化意义。它们有审美、文化意义的增加，也有工艺的炫示。

从审美范畴上看，雕刻者是光素者的突破和超越，是新的审美形式。同时，硬木家具进入图案装饰状态，体现了材质之美的最高形态，审美也进入更高的范畴。

以科学角度解读，美妙的图案可以产生影响一个人情绪的多巴胺物质，激发人的激情和冲动，引起大脑的兴奋、快乐。视觉的盛况更能让明式家具形成多层次的厚重和多滋多味的意趣。

在传统文化史上，中国数千年工艺品制作发展到顶峰的形式美，全部是以雕镂绘饰、错彩镂金为标志，从殷商青铜器到两汉漆器，从唐代金银器到明清瓷器概莫能外。即使是当代人，审美也应是多元而丰富的，只认同现代主义的简约之作，也就没法去看古代的建筑和文物，没法逛园林、听昆曲……

数百年风烟过后，尚存的明式家具遗物历历在目。但是，几百年历史隧道中木作工艺、雕刻工艺和相关匠人生活如何，文献记载几乎是一张白纸，后人无从知晓。画家白石老人因为画名留有一部自传，其间只言片语，有助理解百年前的木匠和雕花匠，也有助于对家具图案雕刻的进一步理解。白石老人这样说：

我十五岁，……父亲托了人情，又找到了一位粗木作的木匠，名叫齐长龄，领我去拜师。这位齐师傅，也是我们远房的本家。……记得那年秋天我跟着齐师傅做完工回来，在乡里的田塍上，远远地看见对面过来三个人，肩上有的背了木箱，有的背着很坚实的粗布大口袋，箱里袋里装的，也都是些斧锯钻凿这一类的家伙，一看就知道是木匠，当然是我们的同行了，我并不在意。想不到走到近身，我的齐师傅垂下了双手，侧着身体，站在旁边，满面堆着笑意，问他们好。他们三个人，却倨傲得很，略微地点了一点头，爱理不理的搭讪着："从哪里来？"齐师傅很恭敬地答道："刚给人家做了几件粗糙家具回来。"交谈了不多几句话，他们头也不回地走了。齐师傅等他们走远，才拉着我往前走。我觉得很诧异，问道："我们是木匠，他们也木匠，师傅为什么要这样恭敬？"齐师傅拉长了脸说："小孩子不懂得规矩！我们是大器作，做的是粗活，他们是小器作，做的是细活。他们能做精致小巧的东西，还会雕花，这种手艺，不是聪明人，一辈子也学不成的，我们大器作的人，怎敢和他们并起并坐呢？"我听了，心里很不服气，我想："他们能学，难道我就学不成！"因此，我就决心要去学小器作了。[1]

此后，"由父亲打听得有位雕花木匠，名叫周之美的，要领个徒弟。这是好机会，托人去说，一说就成功了"。于是齐白石辞了齐师傅，到周师傅那边去学手艺了。"我十九岁。照我们小器作的行规，学徒期是三年零一节，我因为在学徒期中，生了一场大病，耽误了不少日子，所以到十九岁的下半年，才满期出师。"

由此雕花匠与一般工匠的区别，可以多少体会出光素家具与雕饰家具的不同。古典家具时代，没有简约主义的语境，家具上出现图案雕刻，尤其是明式家具那种精致的、有意味的观念符号和图案，会怎么平添气象、提升品质？可能今人难以理解。

---

1 齐白石：《白石老人自述》页30，浙江古籍出版社，2000年。

4. 黄花梨草叶形双牙纹平头案

黄花梨草叶形双牙纹平头案（图98）牙板与腿交接处牙头上各雕草叶形双牙纹（图98-1）。从整体设计上来看，这种莫名其妙的牙头来得似乎唐突，有人会说它使线条变得不流畅。但如果明白此纹是主人特意安排的，其玄机也就揭开了。四个小小的草叶形双牙纹代表着螭凤纹，含有特殊的生活内涵、社会含义。

此案可以明确解答一个问题，就是草叶形双牙纹带有明确的螭凤纹之意，它在设计中，被专门加入。

图98 清早期 黄花梨草叶形双牙纹平头案
长106厘米 宽54厘米 高83厘米
（香港苏富比有限公司、嘉木堂有限公司：《攻玉山房藏明式家具》）

三、平肩榫案式

常规观点认为，不论是平头案还是翘头案，榫卯只分为夹头榫、插肩榫两类。实际上，还有第三种榫卯，即平肩榫，或称为"外挂牙板榫"。它自成一类，在苏作、闽作上均有制作。

其榫卯结构是牙板、牙头内口开出槽沟，腿足上端内口做出挂销（舌头）与槽相挂，牙板外端为平肩状。以腿上端榫头上承案板，贯穿组合。

平肩榫实物在早中期明式家具中未有发现，其出现时间较晚。

明式家具多有侧脚，平肩榫由于齐肩的牙头底线不太适宜侧脚，所以制作较少。它主要制作于清早期以后。

平肩榫牙头更适宜垂直的腿足，清中期后，平肩榫牙头在闽、苏等地有所发展。在闽作中，这种式样的直角牙头多变为弧线化牙头。在苏作中，其变化益多，牙头成硕大的圆形云纹，以便雕饰，行内称为"元宝肩"。

1. 黄花梨独板平头案

黄花梨独板平头案（图99）是平肩榫结构，案面独板，长452.5厘米，板中部厚9厘米，两端8厘米，是闽作的代表作。上长下短的横枨作用如牙头，横枨厚度与独板案面相若，与腿部方料气息相匹，立面为混面，作"替木式"。

足下安托泥。两腿间置三根横枨，形成两个空间，各嵌以牙条形成上下两个圈口。此案全身光素，腿足微挓。

此案年代为清早期，根据是案子的装饰和结构呈示出变化发展后的形态。一是其足下托泥上成三层层台式修饰，二是前后腿间以三根横材隔成上下两个空间，各空间嵌以肥厚的牙条形成圈口（图99-1）。更重要的是中间横枨为梯形格肩榫（图99-2），这种榫式又俗称小格肩榫、半格肩榫。是最晚出的榫头形态，也是最讲究的形态。在视觉上，梯形格肩榫与腿足交圈时，使上下左右线脚贯通相融，比尖头格肩榫更美观。所以说，此大案年代应是清早期制作。

行家们对此黄花梨独板平头案的年代争议较大，有人认为，它制作于明晚期，也有人认为，它生产在 18 世纪，居中的观点是明末清初。这样明式家具发展的几个重要时期就占全了，前后相去甚远。明式家具年代难以确定之因，一是的确判断标准难以把握，公说公有理，婆说婆有理。二是出于当时的商业目的，断代话语"就高不就低"。

年代争议过程中，持何等观点都不是最重要的，最重要的是拿出论据和论证。没有任何论证的论断，更加重了明式家具的年代讨论中说什么都行的局面。严谨学术讨论允许最后证明是不对的结论，但不允许从来没有论据和论证过程的"权威"结论。

本案长 4.5 米有余，为所见传世最大的黄花梨独板条案，是豪奢使用黄花梨大料的代表作品。但它竟然完全光素。如此一款重器，豪奢硕大，却无雕无纹，有违常理。但其托泥和挡板的修饰和榫头形态，表明其年代为清早期。所以，此黄花梨独板平头案也是明式家具第二发展轨迹上的产物。

从统计角度看，超越 2.5 米以上的大案绝大多数为清早期以后制作，再早时，少有如此大体量的家具。这样超越人体尺度的超长超大之作爆发在明式家具尾声时期，是观赏面不断加大法则的表现，也是越来越注意这类家具社会性的结果。

寻找光素实用与豪华贵重之间的最大公约数是各类商品制作和消费的特点，也表现了明式家具的另一个特点。这在许多明式家具的大型器物上存在，如大型顶箱柜。同时在诸如笔筒、镜架、官皮箱等大量制作和使用的小型器物上更多有体现。

图 99　清早期　黄花梨独板平头案

长 452.5 厘米　宽 56.5 厘米　高 93 厘米

（选自伍嘉恩：《明式家具经眼录》，故宫出版社）

图 99-1　黄花梨平头案腿间的两个圈口

图 99-2　黄花梨平头案上的梯形格肩榫

黄花梨独板平头案，闽作也。其体量之大，傲视群伦，堪称"黄花梨第一大案"，而其身世又是一个传奇。它静静地陈放在福建莆田一个村庄的家族大祠中，几百年间，作为村民心中的圣物，连同案上的神明，接受拜奉。

大清风雨、民国鼎革、日寇践踏、国共争雄，乃至土地改革、文化大革命，各个时代的血与火，从未对它形成风暴、带来不安。漫长年代和腥风血雨看来并不最为凶猛，世间还有更残暴者。

几百年后，一场空前荒唐的动荡近乎摧毁所有的一切。虚妄的精神被疯狂高扬之后，国人灵魂又极速地摔入深渊。经历了"文革"饥饿和贫困之殇，村民像所有国人一样，幡然醒悟——卖掉它！某一天，在九个老人的见证下，大案卖掉了。可以想象出这个画面能给学者们提供内容丰盛的当代社会学文本，这是文物外流百年史的一个缩影。贫困，让人们卑微地把多少宝物拱手相奉。

大案默默地告别这个温暖而冷漠的村庄，又告别了这个国家，辗转客居到美国。像太多太多的文物流失海外一样，这一次，没有英法联军和八国联军的船坚炮利，也不是国营文物商店积极组织的出口创汇。这是贫困饥饿的农民和商人的你情我愿。后续的故事，只可以理解为纯粹的商业了，与其他无关。

2013年春，黄花梨案作为一个特大的商业筹码，被推上纽约佳士得拍卖会。最终以908.375万美元换手，买家为香港华人。如果非要提取意义，这可以看成是21世纪中国古艺术品投资饕餮盛宴的一帧剪影好了。

明式家具为动产，一般情况下，以数百年后的发现地确认制作地并十分不严谨。但是福建地区作为明式家具生产的特殊重镇，一直都是本地使用或向外流通，外地产品流通到此地可能性极小。

明式家具"铲地皮"式的发现概率证明，在当年的生产重镇中发现的古家具，绝大多数是本地所产。本大案属于闽作也得到当地古家具行家的认可。根据考察，笔者认为，明式家具有两大制作重镇——闽作地区、苏作地区。福建沿海地区的漳州、泉州、厦门、莆田、福州地区，其产品称为"闽作""闽式"。由于早期古董从业者念及商业机密，许多黄花梨器物出自福建地区的情况被隐瞒，致使过去人们强调古典家具的苏作、广作和京作，"闽作"一直无闻于世，一直连概念都未形成。名分尚无，遑论其他。

闽作、苏作是明式家具重要的两大系统。广作是后起的清代家具制作，而"京作"观念可能存在历史的误解。明式家具在北京地区应没有生产，使用时依靠外地输入。

2. 黄花梨平肩榫翘头案

黄花梨平肩榫翘头案（图100）用材壮硕，翘头如球。其趣味有异同侪。平肩榫牙头上方正的空间成为重要的装饰区域，左右牙头及牙板上各雕刻一组子母螭龙纹（图100-1），各有三条螭龙由小到大，顺向排列。左右两组子母螭龙相对而视，实为两组子母螭龙纹构成的对称装饰格局。

图100 清早中期 黄花梨平肩榫翘头案
长145厘米 宽41厘米 高97厘米
（故宫博物院藏）

图100-1 黄花梨翘头案牙头和牙板上的子母螭龙纹

此时螭龙纹形式发展变化得更自由活泼，原先相对程式化的大小螭龙演化成灵活多变的各种式样。在螭龙纹图案的演变中，最重要的一个方向是走向繁复，如本案腿间挡板上的子母螭龙纹（图100-2），两大三小螭龙张牙舞爪，形态流动婉转。另一方向是螭龙身体逐渐简化，如牙板中心的小螭龙。

案子四腿垂直，无侧脚。腿间横枨下牙板牙头曲线方直。腿足正面上下浮雕纹饰为回字纹。其腿间管脚枨的梯形格肩榫、枨上捏角线与两腿捏角线交圈，这种榫式和线脚有极强的年代感。

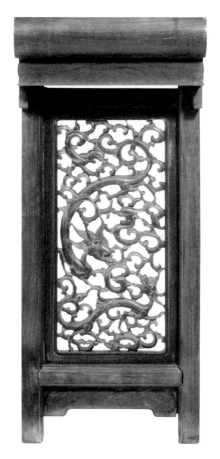

图100-2 黄花梨翘头案挡板上的子母螭龙纹

红木平肩榫翘头案（图101）不属于明式家具范畴，这里录用之目的是说明平肩榫的发展演变。本案平肩牙头上挖出云纹（图101-1），内卷幅度较大，形似元宝，亦称"元宝肩"。云纹本为夹头榫器物原创，后来移植、推广在插肩榫家具和平肩榫家具之上。

此案牙板、牙头均雕满进一步简化的螭尾纹（图101-2），为阳线性线条。牙板两端以灵芝纹收尾，腿上雕蝙蝠纹、双鱼纹等，这是此时期典型的纹饰。其虽为满雕工且规整有致，但雕刻力道远逊清早期螭龙纹。

图101-1　红木翘头案上的云纹牙头

图101-2　红木翘头案上牙板的螭尾纹

图101　清晚期　红木平肩榫翘头案
长240厘米　宽42厘米　高99厘米
（天津私人藏）

四、替木牙头案式

　　常规的案子结构是牙头之间有带有牙板。但是，还有一种少见的结构是两个牙头间没有牙板，即两牙头没有连为一体。这种牙头形如建筑中的"替木"一样，可称之为"替木式"牙头。

1. 黄花梨无牙板翘头案

　　黄花梨无牙板翘头案（图102）案面独板，夹头榫。两牙头间并未连有牙板，牙头犹如建筑上的替木。前后腿间上接横枨，分成两个空间，均为嵌牙条圈口。

图 102　清早期　黄花梨无牙板翘头案
长 207.2 厘米　宽 45.1 厘米　高 81.8 厘米
（选自罗伯特·雅各布逊、尼古拉斯·格林利：
《明尼阿波利斯艺术馆藏中国古典家具》

图 103　北宋《庖厨图》中的替木式牙头案（拓片）
（中国国家博物馆藏）

建筑史研究确认，替木虽然基于力学功能而生，但其后的发展更多偏向于装饰审美，中国传统重要的建筑上没有一处无替木。

借此，可以理解明式家具案子上的牙头、牙板的由来和发展。明白它们来自力学、趋向审美的历史态势。这种替木做法是牙头向牙板发展过渡的表现，葆有五代、宋式案式遗风。

在江苏省邗江县蔡庄五代墓出土的木榻上，可见替木式牙头，[1]河南省偃师县酒流沟水库北宋墓的砖刻《庖厨图》（拓片、图 103）中平头案是替木式牙头。在河北巨鹿出土的北宋木桌腿足上端有替木一样的牙头。宋《槐荫消夏图》（见图 20）中案子亦为替木式牙头，后两者牙头下加了顺枨，作为力学上支撑。

"替木"是中国建筑的重要构件，宋代称为"角替"，清代称为"雀替"又称为"托木""插角"，置于柱与梁（左右为梁）、枋（进深为枋）的交接处，其作用是减少梁枋的净跨度，增强其承载力，减少梁与柱相接处的向下重力（剪力），防止柱梁的角度倾斜。

同时，它具有审美观赏价值，在柱的上端左右对称陈设，犹如美丽的翅膀，委婉的曲线增加了视觉效果，成为柱头上的装饰物。

可以观察到极个别清早期案子，雕饰已繁，但牙头上仍保留了此种替木旧式，在附加新的时代符号的同时，又表现出一定的滞后性。

黄花梨独板平头案（见图 99）也是替木式牙头。此案结构既不是架几案，也不是常见之带牙板平头案。该案并未使用让两牙头连为一体的牙板，双腿上两个牙头形如建筑替木，支撑案面，也美化造型。

1　张五生、徐良玉：《江苏邗江五代墓清理简报》，《文物》1980 年第 8 期。

2. 黄花梨无牙板翘头案

黄花梨无牙板翘头案（图 104）也是无牙板式，其特殊之处是牙头外轮廓近卷云纹式，其上透雕螭龙纹（图 104-1），螭龙为团式，身尾上翻过头，螭口张扬。创作者着意表现的动感，线条飞动，节奏跌宕。

图 104 清早中期 黄花梨无牙板翘头案

长 193 厘米 宽 40 厘米 高 88 厘米

（选自北京市文物局：《北京文物精粹大系》家具卷，北京出版社）

图 104-1 黄花梨翘头案牙头上透雕的螭龙纹

五、架几案式

架几案以独板或单独的攒框面板为案面，架以双几得名。但既以案名，腿应在案面内侧，而非与案面两端齐平，方为案体结构。但今人摆放，好取案面两端与几子齐平，已成桌状。若为细究，案体结构更为科学，可防日久案面塌腰不平。

从已出版的资料看，架几案出世较晚，应是清代之物。明式家具的架几案的几子足部，或为四足托泥式，或成方框结构体。所见架几案实物年代都偏晚，没有明代制品。

1. 黄花梨独板架几案

黄花梨独板架几案（图105）案面独板，俗称为"一块玉"，长度3米有余，极为可观。几架内镶壶门式券口，横牙板与竖牙板以格角交接，成大圆角，形态优美。此案简洁而质素，但其年份仍然视为清早期。依据是腿下为落地管脚枨（图105-1），下为龟足。这种结构出现较晚，又沿袭长久，至清晚期红木家具上仍有使用。如清晚期红木灵芝纹香几（图106）的四足为棕角榫结构，只是其枨形态更晚，为罗锅枨式。

图 105　清早期　黄花梨独板架几案

长 305.2 厘米　宽 48.5 厘米　高 96 厘米

（中国嘉德国际拍卖有限公司，2013 年春季）

如果一种结构或纹饰在一般黄花梨家具上少见，而又多见于清中期的紫檀家具或清晚期的红木家具上。那么，大致可以推断这种结构或纹饰应是较晚出现的，最早为明式家具末期之物。

香几腿足与落地管脚枨交接，这在红木家具上常见，而少见于黄花梨家具上，可知这种结构的黄花梨家具年代偏晚。此几还有一系列特征，如冰盘沿下压打洼皮条线、牙板下缘出方折洼堂肚、束腰上起阳线鱼门洞、牙板上雕变体灵芝纹和卷珠式回纹、腿内缘皮条线打洼、落地管脚枨为罗锅枨、上拐弯处趋向中间等。

这类特征如果出现在某件黄花梨家具上，那么，这件家具就是"红木的哥哥"，年代最早为清早中期，乃至更晚。

图 105-1　黄花梨架几案的落地管脚枨

图 106　清晚期　红木灵芝纹香几

长 55 厘米　宽 42 厘米　高 92.5 厘米

（北京私人藏）

六、炕案式

1.黄花梨螭龙纹炕案

黄花梨螭龙纹炕案（图107）面板上以紫檀木条分出内框和外框，上嵌不规则纹理碎片，并分别在内框、外框上嵌紫檀片组成不同形状的开光，上嵌百宝，成为少见的五彩斑斓之案面，中间紫檀开光中嵌螺钿百宝螭龙纹（图107-1）。

腿以插肩榫与牙板相交，腿面上嵌彩色螺钿螭龙纹，足端左右外翻如云纹，上有不同的卷珠纹装饰。腿与牙板交接处，饰有螭龙纹角牙（图107-2），螭龙纹头、身、尾部饰大量的卷珠纹，卷珠纹的年份与此案整体形态的年代一致。

牙板正中突出雕有正面螭龙纹（图107-3）。对这种正面纹饰，多少人会漫不经心地说是饕餮纹或"兽面纹"，其实，此乃清早中期螭龙纹谱系中新发展出来的一种新式样，就是一个正面螭龙纹，它与角牙、腿足、桌面上的螭龙纹呼应。

图107 清中期 黄花梨螭龙纹炕案

长 91.5 厘米 宽 60.5 厘米 高 28 厘米

（故宫博物院藏）

图 107-1　黄花梨炕案案面上的嵌螺钿百宝螭龙纹

图 107-3　黄花梨炕案牙板上的正面螭龙纹

图 107-2　黄花梨炕案角牙上的螭龙纹

从黄花梨螭龙纹炕案整体纹饰看，腿足、角牙、案面上，多处均饰螭龙纹。牙板中间之正面螭龙纹是左右两个侧面螭龙纹的中心点，共同成为一组纹饰。此正面螭龙纹的装饰风格与角牙上的螭龙纹高度一致。或许在形象刻画上，它吸纳了青铜器兽面的表现手法，但内容上，它是螭龙纹家族的新成员。

此类纹饰可以概称为"猫脸螭龙纹"，实例还有故宫博物院藏黄花梨月洞门式架子床，牙板中心上雕有正面螭龙纹（图108）。

此类纹饰延及清中期，在紫檀家具上更为多见。在各式螭龙纹群之中心出现此种纹饰，定是正面螭龙纹。如紫檀螭龙纹插屏底座侧面上的正面螭龙纹（图109），其两侧站牙为侧面螭龙，亦可以进一步明确中间的大嘴兽面纹饰是正面螭龙纹。还有，黄花梨螭龙纹插屏底座绦环板中间的纹饰也是正面螭龙纹（图110），只是演变中吸收了青铜器纹饰的式样。两边的卷珠拐子纹为螭尾纹的变异体。这种卷珠拐子纹在清中期的紫檀家具、清晚期的红木家具上均有存在，行业内俗称为"蝌蚪纹"，因其卷珠如蝌蚪。正面螭龙纹和"蝌蚪纹"似有青铜器兽面纹风格，人们津津乐道这是饕餮纹。但考究其形成脉络，有迹可查的是来自螭龙纹，与饕餮纹毫无渊源关系。

螭龙纹一路奔跑，从明式家具到清式家具，从黄花梨家具到红木家具，漫漫征程上，没有终止。令人感叹其强大的生命力和影响力。一叶知秋，通过这个纹饰，可以喻示明式家具与清式家具一脉相承、同祖同宗，只是不断地变化、增加。拒绝这些观察、推理和想象，会武断地认为明式家具与清式家具来自两个世界。

图108 黄花梨月洞门式架子床牙板上的正面螭龙纹

（故宫博物院藏）

图 109 清中期 紫檀插屏底座侧面上的正面螭龙纹
（北京元亨利艺术馆藏）

图 110 清中期 黄花梨螭龙纹插屏底座
绦环板上的正面螭龙纹
（北京元亨利艺术馆藏）

2. 黄花梨螭龙灵芝纹炕案

黄花梨螭龙灵芝纹炕案（图 111）个性十分鲜明，牙板纹饰为屡经演变后的螭龙纹，两边为较小螭龙纹，中间很大空间雕螭尾纹，两个螭尾纹中心的共同头部为灵芝纹（图 111-1）。螭尾纹为螭龙纹的简化体，灵芝纹为螭凤纹演变体。那么，这种灵芝纹和螭尾纹结合的含义就是螭龙螭凤纹了。

腿为插肩榫，又为展腿式，且可活拆，包括展腿也可拆下。这在案子中，尤其是插肩榫案子中十分罕见。

此案显示了明式家具末期炕案结构、纹饰的演变性，丰富了案子大家族式样的多样性。岁月如流水，细节在演变，明式家具变化是绝对的，不变是相对的。

图 111-1　黄花梨炕案牙板中心上的灵芝纹

图 111　清早中期　黄花梨螭龙灵芝纹炕案

长 91.4 厘米　宽 54.6 厘米　高 30.5 厘米

（苏富比纽约拍卖有限公司，1999 年 3 月）

第三章　桌类

桌子是明式家具中的大项，繁盛多样，杰作纷呈。其大致可分为二十二式，这个分式只是着眼于器物某个具体特点而为之的，不是严格的并列性分类，若干地方相互存在交叉形态。

这样把桌子的多样性展示出来，一次性了解这二十二种家具，就基本把握了明式家具桌子貌似繁不胜数的式样。它们或是一个地区的不同桌子样式，或是不同地区的不同桌子造型，其分别属于闽作、苏作。同时，还有不同时代的表现。

一、霸王枨桌式

霸王枨，一说此枨支撑力大若霸王，故得名，可见其力学功能。它和罗锅枨一样，广泛使用于各种类别的桌子上，承担力学功能。

枨之上端与桌面下的穿带等构件相连，并用销钉固定。枨下端以勾挂垫榫（也有无垫榫的）与腿足结合。此式分为束腰型、无束腰型。

（一）束腰型

1. 黄花梨霸王枨方桌

黄花梨霸王枨方桌（图112）桌面边抹冰盘沿打洼线，矮束腰，牙板与四腿小圆角相交接，以打洼皮条线贯通上下边缘。霸王枨三弯，体量较大，略显宽懈之态，其横截面为方形。马蹄足高度居中。

早期方桌的牙板与四腿相交处多为圆角，沿袭了大漆柴木家具的特点，牙嘴大。越到后来，相交处圆角越小，牙嘴越小。

明代小说《玉露音》版画插图中，霸王枨条桌（图113）上的牙板与腿相交处可见大圆角。

图113 明万历 《玉露音》插图中的霸王枨条桌

（选自《明代版画丛刊》，台北故宫博物院）

图112 清早期 黄花梨霸王枨方桌

长84.5厘米 宽84.3厘米 高82.3厘米

（中国国家博物馆『大美木艺——中国明清家具珍品』）

图114-1 黄花梨条桌上的挖缺作马蹄足

2.黄花梨方折式霸王枨条桌

黄花梨方折式霸王枨条桌（图114）腿足用材粗大，以完成与牙板格角交接处的较大圆弧。腿由上向下渐细，马蹄足足端挖缺作（图114 -1）。挖缺作即方足内侧挖去一个直角，断面被挖切出缺口，呈曲尺状。

此条桌主要特征，一是足端内侧挖缺，表现了对传统式样的保留，为难得的实物。二是霸王枨三弯式曲线圆中带方，呈方折式，不够舒展。它不同于常规做法，变异明显，同时木料横折过大，容易断裂，非为上选之式。故可以认为此做法年代偏晚。也有业界人士认为，这种方折式霸王枨的做法属于闽地特色。即使如此，也可能是地方做法，又是年代偏晚。

图114 清早期 黄花梨方折式霸王枨条桌

长 254 厘米　宽 183 厘米　高 84 厘米

（选自楠希·白铃安：《屏居佳器——十六至十七世纪中国家具》，美国波士顿美术馆）

3. 黄花梨内勾牙头方桌

黄花梨内勾牙头方桌（图115）形态少见，但凤毛麟角者也应列为一款，以彰显明式家具之博大。其冰盘沿宽厚，有束腰，牙板两端与牙头相交接，牙头下端内勾（图115-1），下边缘如草叶之芽。直腿内侧起阳线，直贯足端，内翻马蹄足高起。霸王枨高于牙头，隐约含蓄，为成功之作。

图 115-1　黄花梨方桌牙板上的内勾牙头

图 115　清早期　黄花梨内勾牙头方桌

长 82 厘米　宽 82 厘米　高 81 厘米

（选自首都博物馆：《物得其宜——黄花梨文化展》）

图 116-1 黄花梨条桌上的瘿木独板面心

图 116-2 黄花梨方桌面下的长霸王枨

4. 黄花梨长霸王枨方桌

黄花梨长霸王枨条方桌（图 116）桌面攒框打槽，装瘿木独板面心（图 116-1），面板下横向装三根穿带、纵向装一根穿带，以托瘿木面心。

四根霸王枨（图 116-2）由四腿而上，分别与桌板中心的八角形木板块相连接，这种霸王枨长度极大，可称为"长霸王枨"，是与上述数例霸王枨不一致的做法。这构成了霸王枨的另一款式。上述的霸王枨上端均固定在腿足附近的穿带上。

长霸王枨力学支撑度大，但如枨子过于靠下，视觉上则有松懈之感。

图 116 清早期 黄花梨长霸王枨方桌

长 84.5 厘米 宽 84.3 厘米 高 82.3 厘米

（选自中国国家博物馆：《简约·华美——明清家具精粹》，中国社会科学出版社）

（二）无束腰型

1. 黄花梨直牙板霸王枨条桌

黄花梨直牙板霸王枨条桌（图117）桌面边抹冰盘沿，层层内收较大，抹头一端出明榫，这是桌子的规范做法。面心双板对拼，下托四条穿带，直牙板与直牙头小圆角相交，两者边缘同起阳线。

四腿饰甜瓜棱纹，横截面如花瓣之状。此种繁密优美的瓜棱线亦表明其年代偏晚，是晚期家具的创新线脚。整肃的全器因这些微妙的修饰变化而平添美感。

面下内置三弯式霸王枨，其截面为棱形，整体形态内敛，装饰不动声色，隐约可见，较之夸大张扬的霸王枨更为优秀。

明万历（崇祯）《鲁班经匠家镜》版画插图中的条桌上有霸王枨条桌图像（图118），可供参考。

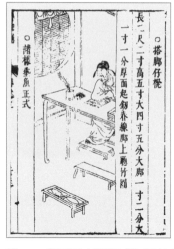

图118 明万历（崇祯）《鲁班经匠家镜》版画插图中的霸王枨的条桌

（转自王世襄《明式家具研究》，三联书店香港有限公司）

图117 清早期 黄花梨直牙板霸王枨条桌

长 156.8 厘米 宽 50.8 厘米 高 87 厘米

（选自安思远：《洪氏所藏木器百图》）

2. 黄花梨直牙头条桌

黄花梨直牙条桌（图119）边抹面沿打洼，四腿面亦打洼，且两者均饰捏角线。直牙板、直牙头，边饰灯草线。四腿与桌面下穿带间连以三弯形霸王枨（图119-1）。四腿明显粗大，带有江苏北部制作特征。

明式家具苏作中的"苏南工""苏北工"是一个众说纷纭的话题，苏州行家和南通行家的说法便常常互为否定。地域视野、行业历练等各种因素均影响着各自的结论。

笔者曾与苏州行家讨论过苏南工、苏北工之别。其认为，所谓苏北工的所有器形和纹饰在苏州地区乃至整个苏南地区均存在，有一些器物尤以苏州东山地区发现为多。他甚至概括地说：苏北有的，苏南必有；苏南有者，苏北未必有。苏北工特有的，往往是更粗大一些、更拙厚一些。

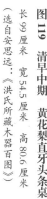

图119 清早中期 黄花梨直牙头条桌

长 99 厘米，宽 54.5 厘米，高 80.6 厘米

（选自安思远：《洪氏所藏木器百图》）

曾长年在苏南、苏北收购明式家具的河北行家则认为：在黄花梨家具上，一般很少分得出苏北、苏南工，同种式样、同种纹样的均在两地有发现，不分苏南、苏北。只是现在广称为"苏北工"的特征，在苏北地区的红木、柞榛木、柴木家具上存在更多。

由以上各家意见看，"苏北工"问题留有较大的讨论空间。

笔者则认为，首先，这不是两个完全独立的系统，它们共同拥有许多相近或基本相近的器型。其次，现在被广泛认为的苏北工的纹饰和器形大多出现在明式家具末期。在本书中，其年代为清早中期。

在清早中期以后的遗物上，可以看到苏北工之作。此时期，苏式明式家具形态发生了地域性分化，"苏北工"应是较晚分出的一个相对独立成形的形态，并有所变化。此后，在清中期、清晚期，由于苏北某些地区地理偏僻，社会稳定，战火不侵，各种材质家具上，都强劲地保留了苏作体系中某些传统的符号。

图119-1　黄花梨条桌桌面内底的霸王枨

而苏南地区，在 200 多年的社会变迁中，一直处于社会变动的风口浪尖上，城市化程度高，经济发展快，家具形态变化也快。伴随着明式家具的结束，清式家具的符号快速上身，传统符号陆续远去。

所以，在苏北地区，后来的红木、柴木家具上，更多保留了当初某些苏作的符号。致使后人看来，它们是专属于苏北工。实际上，有这些符号的红木、柴木家具多是清中期、清晚期乃至更晚的产物。而且，这些纹饰符号在其他地区也存在，包括山东、山西、福建等地。

霸王枨三弯形弧形构件是产生动感至为关键的审美设计，其各自大小、高低、弧度的处理，都体现了不同匠师的审美力和制作力。一条弧线之下，是能工巧匠，还是凡夫俗子，高低立判。

在明式家具早期，霸王枨的使用要远远多于罗锅枨。霸王枨的出现，打破了宋以来的直枨支撑的形式，让牙板下的空间、视野更空阔。

而四条霸王枨弯曲线条隐于桌下，刚好上下圆弧仰俯呼应，打破桌子正方形的框架视觉，形成方与圆形式的对比。

霸王枨本是三角形稳定结构原理的杰出运用，如果是纯粹的功能主义者来设计，只是一条直枨撑住便可完完全全完成了力学作用。但在明式家具霸王枨的处理上，使用 S 形曲线，让人竟然忘掉了它是三角形原理的应用。谁能说这是无意之举呢！

尽管一部分明式家具与现代主义设计的器物形式感相近，但明式家具中太多的婀娜曲线则与现代主义旨趣大相径庭了，看看明式家具所有的三弯形（S 形）构件，便可见两者的不同取向。

现代主义为节省成本，反对一切装饰，崇尚直线，反对曲线等，无疑一定程度上将审美的多样性摒弃了，从而落下缺乏情调、乏味等诟病。而明式家具则往往相反，以霸王枨为例，其构件正视为曲线，横截面形态也讲求多样性，有方形、菱形、圆形之区别。甚至其上还有雕刻装饰，如黄花梨灵芝纹展腿条桌霸王枨上的灵芝纹（见图 157-2）。

二、罗锅枨（加矮老、卡子花）桌式

在桌子中，罗锅枨是使用最普遍的结构支撑构件，在有束腰和无束腰器物中均存在。而且它又是常青树款式，传承于各个时期，涉及黄花梨、紫檀、红木、柴木家具。罗锅枨可以轻松地解决对四足的支撑，它性价比超值，也就拥有了持久的生命力。

为了增加立面观赏面，匠人们在罗锅枨形式基础上，增加了矮老、卡子花、打槽装板开鱼门洞以及裹腿等工艺和形式，以朴素的木条、木板进行拼接，组合出一个个精彩的观赏面，创造出更活跃、更丰富的视觉。罗锅枨桌子又可分为束腰型、无束腰型。

（一）束腰型

1. 黄花梨罗锅枨条桌

黄花梨罗锅枨条桌（图 120）攒框装独心面板，矮束腰与牙板一木连做，足间置罗锅枨，方料直腿。牙板与四腿交接呈小圆角状，边缘起阳线。足部内翻马蹄，马蹄极高。其为桌类造型中简洁常见的款，为清早中期制品。列此仅为说明光素罗锅枨条桌大致的形制。

这种光素式的条桌市场生命力很强，从明晚期至清早中期都在生产，辨识其年份，可以观察其马蹄足高矮变化、现存整体身高、皮壳、磨损等情况。

这款造型，毋庸讳言，凡常之作。相比加卡子花式罗锅枨，看面显空疏。它也不及抵牙罗锅枨结构紧凑。

图 120　清早期　黄花梨罗锅枨条桌

长 130.2 厘米　宽 41.9 厘米　高 87 厘米

（苏富比纽约拍卖有限公司，1996 年 9 月）

2. 黄花梨螭龙纹条桌

黄花梨螭龙纹条桌（图121）的壶门牙板下边缘左右各有三个或尖或圆的牙纹修饰，牙板上螭龙纹（图 121-1）形态变化极大，写意性极强，与螭龙纹原型相去甚远，螭龙纹的多节身尾趋向拐子式，是向拐子纹过渡的形式，其纹饰表明此条桌制作年份在清早中期。

许多桌子大边上显露了穿带的明榫，而且在明榫的一端使用楔子加强牢度，这是古代工匠注重结构坚固的最典型的体现。

图 121 -1　黄花梨条桌牙板上的螭龙纹

图 121　清早中期　黄花梨螭龙纹条桌

长 109 厘米　宽 56 厘米　高 88 厘米

（故宫博物院藏）

（二）无束腰型

无牙板、无束腰的罗锅枨桌子之腿与桌面直接，多为圆腿，以罗锅枨达到对四足的支撑。

1. 紫檀罗锅枨条桌

紫檀罗锅枨条桌（图122）圆腿直接桌面，罗锅枨上抵边抹，四面裹腿，缠绕有力而婉转，形成精炼而美妙的曲线。但因罗锅枨过于靠上，对腿的支撑不足，故在桌面下又施以霸王枨。

其高度仅为78厘米，时光磨蚀之结果，可知其年代之久远。桌面面心为黑漆软木。

图122 明末清初 紫檀罗锅枨条桌

长190厘米 宽74厘米 高78厘米

（上海博物馆藏）

图 123-1　黄花梨方桌罗锅枨上的如意灵芝纹卡子花

2.黄花梨灵芝纹卡子花方桌

黄花梨灵芝纹卡子花方桌(图123)边抹冰盘沿内收较大，显得扁薄。罗锅枨高起，其上左右置两枚灵芝纹卡子花（图123-1）。由其偏高的罗锅枨和灵芝纹卡子花可理解此方桌年代很晚，应为清早中期或更晚。

明式家具中，处于晚期或末期的桌子更成熟、更出色、更入佳境。

这种局部的雕刻构件需要木匠之外的合作者，即雕花工匠完成。这类第二条发展轨迹上的作品有时就如此巧妙地借助一点点的雕饰构件完成独特的作品。

这种情景在今天依然可以见到。一些只作"木匠"活的小厂或小作坊，当有局部构件需要雕花时，他们会提供木材和基本图样给雕花作坊或其他雕花师傅。完成雕件后，再组装为整器。

图 123　清早中期　黄花梨灵芝纹卡子花方桌

长 82.5 厘米　宽 82.5 厘米　高 82.5 厘米

（佳士得纽约拍卖有限公司，1997 年 9 月）

3. 黄花梨罗锅枨矮老方桌

黄花梨罗锅枨矮老方桌（图 124）冰盘沿内敛幅度较大，边抹显得较薄，罗锅枨飘肩榫与圆腿相交，其上矮老分为左右两组，每组二枚。罗锅枨上起拐弯处靠近中间，是年代偏晚的做法。罗锅枨起弯处靠近中心在清晚期的苏作红木方桌中更为多见，实例如红木罗锅枨方桌（图125）中，罗锅枨上弯处明显向中间转移。这种红木家具，行业内俗称为"出门走一段后才拐弯"，而早期家具是"出门以后马上就拐弯"。进入清中期乃至清晚期，明式家具作为一个时代结束了，但还有支脉的黄花梨式样仍在发展。不过，它们身上也无不带有新时期的形制和纹饰烙印，由此可以鉴定出其年代所属。

以后世红木家具的常见形态理解前世黄花梨家具相同形态之器，以确定其年代偏晚，此方法是古家具行家们的经验总结，也的确合乎事物之理。若某黄花梨家具的形态接近众多的红木家具，其年代偏晚。

图124　清中期　黄花梨罗锅枨矮老方桌

长 75 厘米　宽 75 厘米　高 82.5 厘米
（故宫博物院藏）

图125　清晚期　红木罗锅枨方桌

长 86 厘米　宽 86 厘米　高 84 厘米
（北京私人藏）

三、四面平桌式

四面平式条桌以简练取胜，是桌类中简极之作。从明万历版画插图上看，在明晚期桌类中这种造型极多，但遗存下的实物极为罕见。

广义的四面平式包括有牙板四面平型、无牙板四面平型和变体四面平型。

（一）牙板四面平型

1. 黄花梨四面平条桌

黄花梨四面平条桌（图126）是四面平条桌的经典代表，硕果仅存。其年份较早，表现为：一是形态优美，其牙板出大牙嘴，与四腿呈大圆角相交，线条精妙。二是牙板与腿足交接处向内作圆，使"大圆角"立体化，极少见，令人叫绝。用料极大，腿足上大下小，底部顺势铿挖出马蹄足，没有线脚。三是马蹄足磨蚀严重，益显扁矮，足尖挑外。这些都是年份偏早的特征。面心为瘿木板。

明式家具桌子在各种格角处以圆角相交，这是古典家具崇尚圆曲审美的表现。一般而言，大圆角为上品，葆有大漆家具之风。其年代偏早，制作耗材，但审美价值高。小圆角次之，直圆角等而下之，年代也逐次走晚。

本桌无枨支撑，结构并不合理。其边抹交接处、牙板与腿交接处均有销钉锁死，这是其完整至今的保护神。这类无枨的家具实物难以保存下来，所以现在典型的实物罕见，遗留下的基本上存在修配。在后来的桌子上，结构更加科学，无枨的器物越来越趋于消失。

图126　明晚期　黄花梨四面平条桌
长91.5厘米　宽52厘米　高78厘米
（选自中国古典家具学会：《中国家具文章选辑1984—2003》，
香港定向杂志有限公司）

2. 黄花梨四面平条桌

黄花梨四面平条桌（图127）大边抹头下接牙板，并一起与四腿相接，内缘起线，下与腿足相连通。

边抹、牙板与腿上端棕角榫相接（图127-1）。这与上例四面平条桌有所区别，上例是牙板与腿45°角相接。

它似乎是上例黄花梨四面平条桌（见图126）与下列黄花梨条桌(见图135)式样的过渡体。桌面下为三弯形霸王枨，腿方正，马蹄足扁矮。

四面平条桌桌下无论是无枨或是加霸王枨，其形以简洁为妙，牙板不宜过宽。

图 127-1　黄花梨条桌边抹与腿上端棕角榫相接处

图 127　明末清初　黄花梨四面平条桌
长 115 厘米　宽 45 厘米　高 80 厘米
（故宫博物院藏）

正方形、圆形等简单的几何形状是人类最早有能力制作、又能引发审美快感的几何形体。而后，人类创造各种变化多端的构图，包括不规则构图中，仍往往要借助正方形、圆形等简单图形达到构图的完美。

正方形的结构性造物往往比圆形更容易制作，如此就可以理解越古老时代中越多见四面平器物。当然，四面平形制也是发展的器物，会不断完美进化。

在汉代考古资料中，可见四面平式家具，如河北省望都县2号汉墓出土的平台床（石床）、辽宁省辽阳市棒合子汉墓壁画上的独坐榻。

新疆吐鲁番出土的唐代双陆棋盘（图128）为四面平式。唐代壁画和古画中，四面平式家具更不胜枚举。如唐代周昉《内人双陆图》（图129）上的棋盘、唐阎立本《历代帝王图·陈文帝像》（图130）上的四面平榻。

图 128 唐 新疆吐鲁番出土的唐代双陆棋盘

（选自中国国家博物馆：《简约·华美——明清家具精粹》，中国社会科学出版社）

图 129 唐 周昉《内人双陆图》（局部）中的四平面棋盘

（美国弗利尔美术馆藏）

图 130 唐 阎立本《历代帝王图·陈文帝像》上的四面平榻

（美国波士顿美术馆藏）

图 131 明万历 《幽怨记》插图中的四面平条桌

（选自《明代版画丛刊》，台北故宫博物院）

　　宋代家具处于框架结构和造型的初期，家具中使用四面平结构和造型是百分之百的必然。工艺的初步决定了造型的原始。宋代家具中，桌、几、椅、凳、榻中，无类不有四面平一款。

　　明晚期，在黄花梨家具制造的大潮中，形制的异变风起云涌，明式家具超越了宋式家具，就是它更多地突破方正平直，突破了"静态均衡"，追求并创造了许多有运动感的曲线，使人感到更高级、更丰富的"动态均衡"。尽管如此，家具中还是有大量的四面平器物。

　　大量明代刻本资料显示，明万历时期桌类中，四面平桌是主体，有霸王枨的，但最多的是无枨形态的。如明万历小说《幽怨记》（图 131)、《玉露音》（图 132)、《牡丹亭还魂记》（图 133 ）版画插图中都显示了四面平桌。

图 132 明万历 《玉露音》插图中的四面平桌
（转自《明代版画丛刊》，台北故宫博物院）

图 133 明万历 《牡丹亭还魂记》插图中的四面平条桌
（转自《明代版画丛刊》，台北故宫博物院）

　　清代御用画家董邦达所作《弘历松荫消夏图》（图134）中，绘出这样的情景：大山堂堂，古木苍苍，飞瀑、小溪、台地，参天松柏围抱之中，乾隆皇帝一身汉人便装，随意坐在石桌前，桌为全光素四面平式。

　　四面平式，不是明式家具中最经典、最简明的形制吗？多少人从中还见到了现代主义设计。而乾隆皇帝恰恰是另一种被定型的符号，富奢堂皇，造作铺张，繁缛华丽，其形象被描绘得犹如封建奢华脸孔上的烈焰红唇。他怎么会使用、怎么能使用四面平桌子呢！

　　董邦达这幅画可爱处之一，就是它无意间给了这样的一个启示：任何人都要服从他的环境和客观现实，皇帝也不例外。最早的四面平桌就是工艺初级状态下的产物，任何人在这种工艺落后的时空中，都只能使用此类器用。

　　画家着意要表现一个原始的、远离尘世的空间，他的表达很准确。山林间，人文阻隔，工艺蒙昧，这里的器物一定是原始而简单的。

　　今天，不论是艺术家、科学家、工人、农民，也不管是一个专业家具设计师，还是一个富可敌国的富豪，只要不是专业制作人员，拿出一堆木料，让其在短期内制作出一个桌子、凳子、床榻，他一定只会做出一个四面平式器物，如方木箱一般。这与艺术鉴赏力、审美取向都没有联系，只与制作能力息息相关。如此，我们就可以理解越古老的年代中越多见的四面平桌。当然，四面平形制

图 134　清董邦达　《弘历松荫消夏图》

（故宫博物院藏）

也是发展的器物，会不断完美进化。

当历史再前一步，最初始的造型就淘洗掉一批，至清早期，人们已难觅经典的四面平家具芳踪，如果有也是变革后的新面孔。

法国建筑设计师勒·柯布西耶在《走向新建筑》中提出"原始的形体是美的形体"，赞美简单的几何形体。他所说的"原始的形体""简单的几何形体"与早期光素明式家具魂归一处。被包豪斯主义洗礼的当代人，以极简观念为主体审美观，当然一定会讴歌和喜爱四面平形态的家具。但在这里，四面平代表着最简单的造型和最容易的制作。而且，在最直观的形式上，明式家具也不同于人们常常用来对比的现代主义作品。

（二）无牙板四面平型

在常规概念中，四面平桌是边抹下存在牙板的，故此类桌子称为"无牙板四面平桌"。

牙板四面平桌和无牙板四面平桌，哪一种更早出现呢？笔者曾对多位资深行家咨询，得到的结论是不同的，有人认为此早彼晚，另外有人则认为刚好相反。还有人认为它们是同一时期的。共三种意见，而且各自有自己的解释逻辑。笔者根据实物牙板与腿交接处多为小圆角的特点，认为无牙板四面平桌年代偏晚。

1. 黄花梨无牙板四面平条桌

黄花梨无牙板四面平条桌（图135）是四面平桌类的另一种形式，边抹下无牙板。面心独板，大边、抹头与四腿格角相接，为小圆角。霸王枨曲线三弯优美。马蹄足扁矮。它与黄花梨四面平条桌（见图126）的区别在于缺少边抹下的牙板。

图 135　清早期　黄花梨无牙板四面平条桌

长 152 厘米　宽 62.5 厘米　高 83 厘米

（选自洪光明：《黄花梨家具之美》，南天书局有限公司）

2. 黄花梨无牙板四面平条桌

黄花梨无牙板四面平条桌（图 136）边抹下无牙板。楠木面心，面沿下饰碗口线。三弯式霸王枨形体较大，位置偏下。边抹与四腿成小圆角相交，这一点是年代晚的表现。

四面平条桌用途广泛，其中包括抚琴、焚香之用。明万历小说《玉簪记》版画插图（图137）中可见此等情景。

图 137 明万历 《玉簪记》插图中的四面平条桌

图 136 清早期 黄花梨无牙板四面平条桌

长 128 厘米 宽 36 厘米 高 72.5 厘米

（选自马克斯·弗拉克斯：《中国古典家具私家观点》，中华书局）

3. 黄花梨无牙板四面平条桌

黄花梨无牙板四面平条桌（图138）边抹下无牙板，桌面心嵌瘿子木（图138-1），四腿与边抹齐平，腿上部宽，向下逐步变细，在足端内翻圆球，下承托泥。四腿上霸王枨为三弯形，但形态趋向方折，表明其年代较晚，这一点和其球足之年代特点相一致。

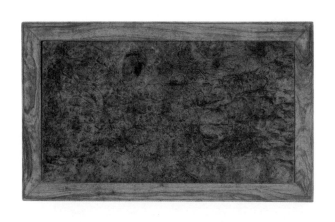

图 138-1 黄花梨条桌的嵌瘿子木桌面

图 138 清早期 黄花梨无牙板四面平条桌

长 80 厘米 宽 48.2 厘米 高 79.8 厘米

（选自德国科隆东亚艺术博物馆：《极简之风——霍艾藏中国古典家具集藏》）

四、变体四面平桌式

变体四面平式条桌喷面稍大，桌面大于四面牙板与四足，俗称为"喷面"，它属四面平变体，俗称为"假四面平"。

1. 黄花梨变体四面平条桌

黄花梨变体四面平条桌（图 139）喷面（图 139-1）略大于牙板和四腿，牙板与四足圆润相交，罗锅枨支撑四足，侧脚显著，腿足上宽下窄，扁矮马蹄有所磨蚀。桌子整个高度为 84.8 厘米，应为闽作作品。

图 139-1　黄花梨条桌的喷面

图 139　清早期　黄花梨变体四面平条桌

长 88.4 厘米　宽 38.5 厘米　高 84.8 厘米

（选自侣明室：《永恒的明式家具》，紫禁城出版社）

五、一腿三牙桌式

一腿三牙条桌形态为四腿八挓，侧脚明显，形态夸张。大边、抹头喷出极大，为腿上端外侧提供了空间，可安置牙头，加之腿间牙板两侧的牙头，每条腿上端与三个牙头相连，故得一腿三牙之名。

一腿三牙式方桌牙板下多置罗锅枨，有高低罗锅枨之分，也有抵牙和不抵牙之别。极个别一腿三牙式方桌以霸王枨支撑四足。

1. 黄花梨一腿三牙方桌

黄花梨一腿三牙方桌（图140）边抹面沿为混面，喷面尚不太大，无垛边，形态内敛严谨，显示较早期器物的风貌。但已现修饰之态，外面牙头窄小竖长，略有曲线。三个牙头为外大内小状态，罗锅枨较高，与牙板相接。桌子的整体高度也较高。

明崇祯年刻本《金瓶梅词话》插图中，有四女围在一腿三牙方桌（图141）边打牌的画面，其桌下有霸王枨。

图141 明崇祯 《金瓶梅词话》
插图中的一腿三牙方桌

图140 清早期 黄花梨一腿三牙方桌
长93.5厘米 宽93.3厘米 高86.4厘米
（选自叶承耀、伍嘉恩：《燕几衍榈：攻玉山房藏中国古典家具Ⅲ》，香港中文大学古物馆）

2.黄花梨一腿三牙方桌

黄花梨一腿三牙方桌（图142）形态上可见多处扩张之态，也更加修饰。具体表现为喷面更宽，牙板牙头（图142-1）变大，外面的牙头亦变大，但内外牙头已无长短之别。由于喷面加大，冰盘沿下增加垛边（也可能是一木连做），以加大边抹立面的视觉效果。

腿起瓜棱线，呈广义的瓜棱腿状。罗锅枨极高，方折化拐弯。这些都表明其年代比前例一腿三牙方桌年代为晚。

图142-1　黄花梨方桌牙板上的牙头

图142　清早中期　黄花梨一腿三牙方桌

长82厘米　宽82厘米　高81厘米

（选自上海博物馆：《中国明清家具馆》）

图 143-1 黄花梨长方桌牙头上的螭尾纹

六、花牙头桌式

花牙头桌式包括各种在牙头上锼挖出牙状和花纹的桌子，它们变化多端，但源流分明，梳理中，会发现明式家具纹饰简化功能之妙。

1. 黄花梨螭凤尾纹长方桌

黄花梨螭凤尾纹长方桌（图143）长宽高尺寸均较小，似为今日之茶台一类。但制作者明显加大了霸王枨的尺度，也突显了牙头的宽大华丽。牙头上雕有螭凤尾纹（图143-1），它是变异的螭凤纹，即螭凤纹简化掉凤头后的形态。关于螭凤纹简化为双牙纹的论述，可见此前第二章"案类"中的论述。

此桌底有漆灰，应为苏作。

图 143 清早中期 黄花梨螭凤尾纹长方桌
长 66.1 厘米 宽 43.7 厘米 高 72.6 厘米
（选自罗伯特·雅各布逊、尼古拉斯·格林利：《明尼阿波利斯艺术馆藏中国古典家具》）

2.紫檀草叶形双牙纹条桌

紫檀草叶形双牙纹条桌（图144）壶门式牙板曲线凹凸，波折多变，优美出色。牙板与牙头交接处锼出草叶形双牙纹（图144-1）。这是螭凤纹进一步简化的结果，它仍然代表着螭凤纹。

这种双牙纹牙头从类型学排队上看，应晚于一般螭凤尾纹牙头，是其简化后形态，在苏作、闽作家具上都有存在。其进一步简化，成为下例（见图145）上的双牙纹。

图144-1 黄花梨条桌牙头上的草叶形双牙纹

图144 清早中期 紫檀草叶形双牙纹条桌
长105.5厘米 宽35.5厘米 高81.5厘米
（故宫博物馆藏）

图 145-1　黄花梨条桌上的双牙纹

3. 黄花梨双牙纹条桌

黄花梨双牙纹条桌（图 145）桌面为楠木。四腿圆材，挓度极大，形态优美。面沿混面下边起线，牙板两端与牙头交接处镂挖双牙纹（图 145-1），为牢固起见，又施霸王枨。牙头与霸王枨成为加牢四腿的双举措。这种双牙纹，较前例草叶形双牙纹更简练，年代也更晚。

图 145　清早中期　黄花梨双牙纹条桌

长 175.3 厘米　宽 94 厘米　高 79.6 厘米

（佳士得纽约拍卖有限公司，2003 年 9 月）

在中国上古史研究界，长久以来有一个被津津乐道的话题，这就是郭沫若的《两周金文辞大系》，它开创性的学术智慧令几代人称奇不已。

1932 年 1 月，郭沫若《两周金文辞大系》出版，手写影印，只有考释而无图版。1934 年，又加入器物和铭文照片，编辑为《两周金文辞大系图录》，次年又撰成《两周金文辞大系考释》，三套书均在日本出版。

《大系》博大精深，学术贡献多样，最重要的是在器物断代上，最早将西方的考古类型学原理运用于青铜器研究，并提出了"标准器系联法"，从而成就了一部划时代的学术著作，其理论和方法至今仍可视为人文学科断代治学的圭臬。书中用"标准器系联法"对历代相传与当时出土的周代铜器作了系统的整理，在数千件铜器中进行如下工作：

1. 先选定青铜器铭文中已有年代纪录的器物，作为周代各时期的标准器，形成年代大坐标。

2. 再以铭文里人名事迹，连成线索，穿插于大坐标中。

3. 将金文文辞体裁、文字风格、花纹、形制相近的青铜器先后串联。

4. 以上几项互相参证，形成一组组年代先后有序的器组，并形成西周、东周青铜器的总体年代序列。

郭沫若说：

这些是很可靠的尺度，我们是可以安心利用的。一个时代有一个时代的文体，一个时代有一个时代的字体，一个时代有一个时代的器制，一个时代有一个时代的花纹，这些东西差不多十年一小变，三十年一大变的。[1]

在此思路下，周代青铜器发展被分为滥觞期、勃古期、开放期、新式期四期。书中录编和考释的器物，则尽可能分期和分域，这使周代青铜器的研究进入一个新阶段。

《大系》思想方法前无古人，成果超越时代，轰动学界。它摆脱了过去局限于文字诠释和器物鉴别的繁琐考证，提纲挈领，用"标准器系联法"将相关器物分别年代和国别，将年代纷乱的传世

1　郭沫若：《沫若文集》16 卷，《青铜时代》页 299，人民出版社，1957 年。

青铜器，第一次梳理为完整的体系，它可称为两周青铜器研究的一把标尺。

此后，人们确定两周铜器的年代、考释铭文、释解文字等都要检索使用它。研究"大系"以外的周代青铜器，只要将其器型形制、花纹式样、文字字体、文辞体裁与《两周金文辞大系》中已知的标准器相比较，凡是相近似的，年代便大致可以确定。

《两周金文辞大系》结束了当时研究界对一器一物单打独斗的学术困境，建立了周代青铜器发展的框架。郭沫若说："周代的彝器，我自信是找到了它的历史的串绳了。"如此，800 年周代铜器条列于各个年代和国别之下，《两周金文辞大系》同时也成为各类周代历史学研究的年代基石。

《两周金文辞大系》出版已近 90 年，现在看来，当然可以挑出其中一些具体毛病和不足；但此书总体的学术成就，尤其是标准器方法论的意义一直是分期断代的学术典范和后人效法的榜样。郭沫若引进的标准器断代法成为基本的治学规范和操作方法。

中国古代家具断代的研究状态，让我们对《两周金文辞大系》中的方法备感亲切，并试图学以致用，有所突破。

明式家具中尽管缺少有纪年器物，但它同一切古代遗物群体一样，潜含着古今之变和循序渐进的规律。"标准器系联法"（类型学）原理认为，器物形制和花纹样式被器物发展规律制约，不以人的意志而转移。从明嘉靖、万历朝到崇祯朝，再到清顺治、康熙朝、雍正朝及乾隆初期，在这近 190 年中，明式家具的制作定有前后之分，那么其器物就存在"一个时代有一个时代的器制，一个时代有一个时代的花纹"的规律。只要我们科学地运用文化史断代中不可或缺的考古类型学原理及治学规范和操作方法，在资料相对充分的前提下，就能够逐渐地接近古典家具断代的真意。

七、垛边圆裹圆桌式

在器物边抹底下增加一周或几周木边，以增加面沿立面的厚度，传统工匠称其为垛边。

1. 黄花梨垛边方桌

黄花梨垛边方桌（图146）面心由两块木板拼成，王世襄说两板拼面"在八仙桌上是比较少见的"。边抹下加两层垛边（图146-1），为一木劈出，其形态又称为"劈料"。

高罗锅枨与垛边相抵。边抹面厚度略大于垛边、罗锅枨立面厚度，形成变化和节奏。罗锅枨两端与垛边间形成了形式空间变化。圆裹圆高罗锅枨相比一般罗锅枨的优势，一是使桌面下空间宽敞，二是大段枨体抵住牙板或边抹，起支撑作用。

此方桌通体光素，所有美观均来自光洁构件的巧妙组合。整个桌子以用材硕大敦重为特征。其用材厚大，故其垛边数量少，也与四腿的粗壮相协调，这与下例（见图147）是有所不同的。

图146-1 黄花梨方桌的垛边和罗锅枨

图146 明末清初－清早期 黄花梨垛边方桌

长94厘米 宽94厘米 高82厘米

（北京私人藏）

图 147-1　黄花梨条桌的垛边

2. 黄花梨垛边条桌

黄花梨垛边条桌（图147）桌面攒框装心板，边框用料甚为宽大。边抹下加圆裹圆垛边（图147-1）。立面共做出四个圆混面，即边抹上一木开出了两条劈料式样，增垛的木料上也做一木开出两条劈料式样，所以此桌的垛边显得细密，但层数多。桌子四角上更垛有圆裹圆角牙，也为劈料做法。下有圆裹圆抵牙高罗锅枨。

此条桌劈料的细巧做法与上例风格浑厚的垛边方桌形成对比，此类风格的垛边条桌还有高罗锅枨为两层劈料的式样。

从实例看，垛边以二至四层为宜，单层罗锅枨为好。数量过多的垛边或双劈料罗锅枨的设计有时会有头重脚轻之感。

图 147　清早期　黄花梨垛边条桌
长 111 厘米　宽 54.5 厘米　高 71 厘米
（故宫博物院藏）

3. 黄花梨垛边方桌

黄花梨垛边方桌（图 148）
边抹下垛一条边，与桌面厚度相
同。其下为矮老，再下为裹腿罗
锅枨。式样极为简洁。加矮老式
的垛边实物存世亦少见。

全器内外为原始皮壳，桌面
内底（图 148-1）可见黄花梨老
家具里皮的苍老风貌，亦可作为
考察古家具内底的标本。

图 148-1　黄花梨方桌的桌面内底

图 **148**　清早期　黄花梨垛边方桌
长 94 厘米　宽 94 厘米　高 87.5 厘米
（河北刘树清藏）

4. 黄花梨垛边条桌

黄花梨垛边条桌（图149）形态较前三例形态有较大不同，喷面远厚于、宽于其下垛边，形态也不同于其他垛边桌子的混面面沿，为冰盘沿。垛边为一木所出劈料做法。其下四角劈料做出圆裹圆小角牙。

最下边为裹腿罗锅枨，罗锅枨与垛边劈料相等宽，三条等宽的细线与边抹的厚度形成对比。罗锅枨曲线柔和圆润。桌面下复以霸王枨相支撑。四腿外挓，腿上部边抹、垛边、罗锅枨、霸王枨（图149-1）之不同的厚度、长度、曲度变幻出的多样视觉效果，可见匠师在此器上的独特用心。

桌面攒框装心板。

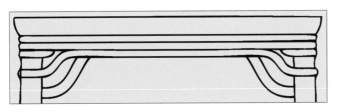

图149-1　黄花梨条桌的边抹、垛边、罗锅枨、霸王枨（侧视图）

图149　清早期　黄花梨垛边条桌（正视图）

长213厘米　宽76.3厘米　高83.4厘米

（香港攻玉山庄旧藏）

清早期以后，在不使用雕刻工艺的状态下，为了追求面的加大和审美元素的增加，匠人们创造了垛边、裹腿，并继续使用攒接、斗簇等工艺。以朴素的木条、木板进行组合、拼接，生生组合出一个个精彩的外观，创造出更活跃、更丰富的视觉。

以垛边（包括下节攒牙板式）的实例进行剖析，可以说明光素一脉的家具上新的观赏面是如何不断地被强化的，新的审美元素是怎样被创作出来的。

在明式家具晚期，光素形态家具继续创造新造型和新式样，这是明式家具发展中一个重要途径，或者说是一个重要特点。它是明式家具发展的第二条发展轨迹的重要组成部分。

在审美上，一些元素有条理地反复、排列或交替，产生节奏感，从而在视觉上感受到动态的连续性，令人产生愉悦的心情。明式家具上的一些构件的反复、交替或排列处理，产生的就是节奏感，这就是垛边之美所在。

人们常常赞美明式家具的线状美，但垛边以及下面要谈的攒牙板等作法，表明在不使用雕刻的家具制作中，匠人们的目光也是由线状向面状注视的。"观赏面"之追求在明式家具上是多维的，硕果多姿，明式家具的制造师无愧为创造观赏面的专家。

"垛""攒"属锯子、刨子、凿子的工艺，不涉雕刻，为传统常规手艺。

"攒（攒接）"是北方工匠的术语，南方工匠称做"兜料"，即以榫卯把纵横的短材接合起来。构造上，它是采用榫卯结合完成结构；形式美感上，它又是拼合各式各样几何纹样的手段。中式家具采用榫卯接合完成结体，这是伟大的结构工艺手段。而以攒接方式攒拼组合各式各样图案，同样是不可低估的装饰成就。在明式家具上，它所攒成的各种纹饰是家具形式审美的一大贡献。

垛、攒、斗……是雕镂外的另一种技法。这是一个智力的奋发，每一个动词都代表着更高级的设计和工艺。于此，出现的新形象乃创新之象，也表现了明清匠人对家具形态的丰富创造力。

八、攒牙板桌式

攒牙板、攒牙头，指在桌子腿足间，以攒接横竖短材形成方框做成变体牙板和牙头扇活，并以栽榫安装在边抹和四腿上，成为对四腿的拉撑。这也是匠人对光素家具修饰效果的又一种追求和施艺的手段。

1.黄花梨攒牙板方桌

黄花梨攒牙板方桌（图150）边抹冰盘沿。腿足间以攒横竖棂格方框做成变体牙板和牙头扇活，以栽榫安装，成为对四腿的拉撑。牙板成四组鱼洞门式开窗，牙头亦为开窗状，横竖材交圈处圆润，鱼门洞边缘起线，整体效果疏朗。四腿起甜瓜棱线。其上大小混面交错循环，其截面美如花朵。这里的"修饰"，一是攒边后的横竖鱼门洞，形成有节奏的"开窗"；二是腿上密集的瓜棱线等线脚，它们令光素的家具有了更活跃的视觉。

图 **150** 清早中期　黄花梨攒牙板方桌

长 103.5 厘米　宽 102.5 厘米　高 84 厘米

（故宫博物院藏）

2. 黄花梨攒牙板方桌

黄花梨攒牙板方桌（图 151）面板两拼，牙板以上下两根横长材与两根竖短材（矮老）攒接而成，中有三个鱼门洞。牙头亦攒接，上出鱼门洞。牙板与牙头交接处出圆洞。这种圆洞是新出现的形式，是不断加大观赏面法则的体现。它使牙板、牙头的视觉更丰富、更美化，其形式美感上也更胜上例一筹。

四腿为瓜棱腿，粗壮厚重。这些牙板、牙头和瓜棱腿形态表明其年代。

图 151 清早中期 黄花梨攒牙板方桌
长 81 厘米 宽 81 厘米 高 81 厘米
（广东留余斋藏）

3.黄花梨仿攒牙板方桌

黄花梨仿攒牙板方桌（图152）边抹面沿混面，下压窄线。牙板和牙头45°角相交。牙板不是攒接而成的，而是仿攒牙板，在一块木板上挖出三大二小五个鱼洞门式开窗，较上两例方桌上几个同大的开窗形式更活泼。

鱼门洞边缘起粗线，其余地方全部铲起，行家称为"大起地"。

牙板非攒接而成，大材为之，而减少了攒接工艺。五个鱼洞门起粗线、"大起地"，这些都是偏晚的做法。

四足为方材打洼委角。桌面下有霸王枨。

此类牙板做法在黄花梨方桌上极为罕见。但代表着仿攒斗图案的存在。这在今日仿古家具制作中，尤其多见。

在清晚期制作的红木攒牙板条桌上，可以见到攒牙板的进一步变化，牙板变化为双层鱼门洞，中间为一个竖向的鱼门洞，两端牙头上为上下两个竖向鱼门洞，这类家具，笔者称为"后明式家具时期器物"。鱼门洞的变化也体现了古典家具观赏面不断加大法则的效用。

图152 清早中期－清中期 黄花梨仿攒牙板方桌
长96厘米 宽96厘米 高83厘米
（选自马克斯·弗拉克斯：《中国古典家具图册[1–1997]》）

九、展腿桌式

桌有束腰，腿足为方腿才合乎常规。但为突显圆腿的轻盈，匠人便以展腿的式样处理，上为方腿，被称为展腿。下为圆腿，故有展腿桌式。展为延展之意。

其细分有两式：一是整腿（不可拆分）式，腿部上下一木相连，上方方腿成为装饰。二是上下可拆分的活展腿式，为两拿活腿，可开可合。腿拆下后可作为地桌使用。这种可拆的形式方便搬动运输和储藏。

展腿桌腿足之上方下圆，完成矮桌与高度之间的转换。这是匠人的设计变通力和想象力的杰作。

清代雍正帝晚年档案中，有此类记载：一是将原有"矮桌"接"木腿"成为可拆分的"高桌"或"活腿高桌"。二是将"活腿高桌"改为"整腿"，即把可拆的"活腿高桌"改为上下不可拆分的桌子。[1]传统匠作成果会通过各种不同的方式影响到宫廷。

（一）整腿（不可拆分）型

1. 黄花梨展腿方桌

黄花梨展腿方桌（图153）为"整腿"式，上下不可拆分。方腿为三弯式（图153-1），装饰感十足。

边抹为冰盘沿，矮束腰，壶门牙板中间雕螭尾纹，两端边缘各有两个牙纹装饰。

四腿以罗锅枨支撑。展腿桌的四腿支撑有四种形式：罗锅枨、霸王枨、角牙（斜枨）、无枨。其中霸王枨与角牙（斜枨）结合者最为讲究，而无枨者过于简单。

图 153-1 黄花梨方桌的上截方腿

1　吴美凤：《盛清家具形制流变研究》页192，紫禁城出版社，2007年。

图 153　清早期　黄花梨展腿方桌

长 98 厘米　宽 98 厘米　高 83.5 厘米

（河北私人藏）

2. 黄花梨展腿方桌

黄花梨展腿方桌（图154）全器透露出明式家具鼎盛时期的制作匠心和繁华形态。壶门牙板中间有分心花，其左右各雕螭龙纹，螭龙尾部如卷草曼卷纷扬。牙板两侧下边缘各出三个牙纹。

牙板上两螭龙中间，原为螭尾纹形态的符号已经演绎为如意纹形纹饰，方腿上雕草芽纹亦为螭尾纹之流变而来。牙板与腿足之间以角牙支撑，角牙为正反向双卷相抵纹。

这种角牙形式表明此桌不可拆分。黄花梨展腿方桌的角牙（见图157）装饰为回首螭龙纹，而这例角牙为正反向双卷相抵纹。它们的年代相近，均偏晚。

方腿下为圆腿，足为鼓墩式（图154-1），鼓墩足是另木制作，套在足端上。

图 154-1　黄花梨展腿方桌上的鼓墩足

图 154　清早中期　黄花梨展腿方桌
长 104 厘米　宽 104 厘米　高 86.4 厘米
（佳士得纽约拍卖有限公司，1997 年 9 月）

鼓墩式足俗称"花瓶足""蒜头足"，仿效建筑的柱础。面对桌上半部的繁复，为避免头重脚轻的视觉，圆腿下端以仿建筑柱础作解，以与上部的繁复形成上下平衡。这也是将圆雕与式样合一的做法。

明式家具中共有三种腿足处理方法，一是直方腿马蹄足，二是三弯腿加大外翻球足（或卷云纹足），三是本例一类的圆腿鼓墩形足。它们加大足端的尺寸和装饰都是为了形成与上部协调的视觉。

3. 黄花梨展腿方桌

有的展腿桌，上部雕饰繁复，而下为直腿，不用鼓墩式足。如黄花梨展腿方桌（图155），牙板中心的分心花变大，牙板虽无雕刻图案，但整个牙板形式异变感强烈，有霸王枨、螭龙纹角牙。展腿方正，其上雕拐子纹。直腿，无"花瓶足"。

图 155　清早期　黄花梨展腿方桌
长 96.2 厘米　宽 95.8 厘米　高 84.5 厘米
（选自克雷格·克鲁纳斯：《英国维多利亚阿伯特博物馆藏中国家具》，上海辞书出版社。）

4. 黄花梨展腿条桌

黄花梨展腿条桌（图156）束腰、牙板和角牙更为繁复，但无花瓶足。当然，花瓶足都是另木制作套上的，也有可能是后世使用中遗失掉了。

工艺上，花瓶足都是在圆腿上另外套上的，圆腿底部有方榫。如是后世脱落者，在圆腿底部大多可见方榫遗痕。

但是，如果桌子上部光素简洁，而下部加以沉重的鼓墩式足，便不合匠法。如有此类实物，多为后世所加花瓶足，以求昂贵，或为弥补足部磨损严重之缺憾。

图156 清早期 黄花梨展腿条桌

长109.5厘米 宽55厘米 高83.5厘米

（选自叶承耀：《禅椅琴凳：攻玉山房藏中国古典家具Ⅱ》，香港中文大学文物馆）

5. 黄花梨展腿条桌

黄花梨展腿条桌（图157）华美富贵，不仅是展腿桌中的翘楚，也是桌类中之经典。其花团锦簇之姿，不知可否改变大多数人对明式家具的定义。其特征如下：

1. 以高浮雕波折纹做束腰，妆如荷叶，俗称"荷叶边"。将"雕刻与式样合一"，超越了仅以"图案附丽于旧式样"的做法，此为一大进步。

2. 桌子正面牙板为变体式"洼堂肚"，以往家具从未有过。牙板上左右分别雕鸾凤纹（图157-1），鸾凤纹同等大小，形式一样。此类女性符号明确表明此为陪嫁品。侧面牙板雕喜鹊登梅纹（图157-2），意为庆贺新婚之喜。霸王枨上雕灵芝纹。

3. 在正面和侧面角牙上的小螭龙，表情似为惊诧，这是苍龙教子中小螭龙受教时的常见形象，是表达家庭长幼间的教育与被教育关系的符号。它在喜从天降纹饰氛围中，表达对家庭后代"成龙"的期盼。

4. 下为鼓墩足。

这件"条桌的经典"无疑为婚嫁用具。婚嫁用具最能体现黄花梨家具的高贵性、奢侈性，故艺术成就也最高。

图 **157** 清早中期 黄花梨展腿条桌

长 104 厘米 宽 64.2 厘米 高 87 厘米

（选自上海博物馆：《中国明清家具馆》）

图 157-1　黄花梨条桌上的鸾凤纹

图 157-2　黄花梨条桌侧牙板上的喜鹊登梅纹

　　黄花梨展腿条桌为所见条桌、方桌中雕饰风格最热烈的一款，不同于常见的螭龙纹、螭凤纹。这里的鸾凤纹，首如锦鸡，翅如仙鹤，长尾摇曳，具有飞禽的写实性。这表明黄花梨家具走入装饰鼎盛期后，装饰语汇高歌猛进地扩张，进一步萃取其他工艺品上旧有的各种传统图案，使之成为明式家具装饰的新元素。此时的纹饰风尚清新而华美，充满着生活的热情。

　　本器的图案雕刻和家具式样协调合一，完美巧妙。这种处理手段出现在清早中期。其设计制作反映着高档消费品以品质取胜的特性，典型地体现了马克思·韦伯所说，奢侈品生产工业遵循质量竞争的手工业原则。

　　一张条桌，设计得如此具有大匠心，翻出大花样，它彰显了在黄花梨家具匠作中强健的求变创新精神。包括此条桌在内的明式家具的许多个例，都给人们提供了重要的启发，明清时期，哲匠、巧匠和一般工匠们兼有技术、艺术和制作者的身份，建造者、技术员、设计师三位一体，其设计制作能力远远超越我们的想象。

　　余同元认为："传统工匠基本涵盖了现代工业劳动力中的普通熟练工人、专业技术工人和工程师建造师等各个阶层系列。"[1]明清社会，不论哪行哪业，哲匠、巧匠就是此行的设计师和工程师，明式家具制作业也是如此。

　　这张条桌卓尔不群，或以为是鹤立鸡群的孤品，但是，在美国波士顿艺术博物馆中也

1　余同元：《传统工匠及其现代转型界说》，《史林》2005 年第 4 期。

曾展过一件形制相同、尺寸稍小的黄花梨展腿条桌。还有一件相同的黄花梨展腿条桌，在2003年曾现身佳士得纽约拍卖会。

这里就要提到另一个问题，明式家具是否存在规模化小批量生产？

收藏界经常有这种情况，藏家有一椅，奉若拱璧，忽一日，有人报又见一椅，同模同样同尺寸。此时，百分之百的解释：肯定是一对，还会有人加以附会是哥俩分家时分开的。若有不多于一堂八件之数，均可以如是解释。

收藏和经营古典家具的人士，大多有这类经历，单件后来凑成一对，一对又凑成四件，人们情愿它们原是出自一家的一堂。

三张黄花梨展腿条桌则难以解释为出于一堂了，也难以说是工匠走街串巷个体制作的结果。还有同类现象，与黄花梨麒麟纹交椅（见图258）式样相同的还有三把，一把藏于故宫博物院，两把藏于陕西历史博物馆。

这说明，在明式家具的生产中，存在着大作坊的批量生产，或者同一图样多次制作。受材料制约，构件尺寸会不尽相同。

这么说，最好不会伤害古家具爱好者的感情。有人认为只此一件才是艺术品，只有孤家寡人才是真正大王。恰恰相反，鼓舞人心的结论是如果当时没有一批规模可观、分工科学、管理得体、制作能力强大的厂家（作坊）作为支撑，明式家具如此辉煌的成果是难以想象的。任何辉煌的工艺制作，或者说任何一个创造财富的行业，在任何一个时代，都会有领先或超越那个时代的管理模式和组织艺术。这是我们在思考明式家具成就时，必须注意和体会的。

明史研究界已有定论，明代以纺织业为代表的各类手工业制作已具有近代工业化的萌芽形态，大规模、成批量的生产代替了一家一户的个体生产。明式家具的制作应在此背景下进行理解。当然，当时走家窜户的个体匠人为户家单独制作家具的情况也会同时并存。但是，他们个体的制作可能是简单之物，诸如那么华美的展腿桌，绝非个体匠人独立而为。

明式家具完全一致的桌、椅、柜、橱，近几十年被人们连续发现。它们不排除一堂失群，但更多是一张图纸下的一个生产批次，或几个生产批次相继生产的，相互仿制也可能存在。我们应这样看待成批量生产的问题：

1. 作为商品，图纸的成本必须以大量的成品来摊薄。设计匠师的价值远远高贵于制作的工人，这种价值落差解决的手段是设计人员的一图，必须是加工一批批成品来对应。一张成功的图纸不可能只生产一套或一个成品。在生产中，又以一次下料、制作多件成品最为经济合算。

2. 质量的顶峰须建立在大量生产的基础之上。改进、成长存在于大量家具的复制、改进过程中。其间，匠人殚思毕力，苦心经营，星星点点的渐进，最后成就各类精品。

3. 我们可见的明式家具，存世品仅是几百年间历经劫难后的幸运儿，九死一生。谁能想象有多少同样的器物被历史狂潮吞噬，谁能想象当年还有多少同样的家具呢？

黄花梨展腿条桌上的纹饰雕刻得淋漓尽致，绚丽华美。同时它还带有明确的社会含义，其喜鹊登梅纹的含义没有任何争议。家有婚庆喜事，绘制喜鹊是中国人约定俗成的习惯。流传最广的是喜鹊登梅之报喜图，以"梅"谐"眉"音，又叫"喜上眉梢"。而一只獾和一只鹊在树上树下对望的图案，又叫"欢天喜地"，以獾谐欢音。獾，又名猪獾，为哺乳动物。还有喜鹊仰望太阳的图案，称为"日日见喜"。这些都是喜庆风俗中最直观、最常用的图案，也是我国谐音取意文化中突出的代表。

在一些明式家具中，喜鹊登梅纹有时是主要纹饰，有时又是辅助图案。喜鹊登梅纹作为主要纹饰图案，在各类家具中可见到。在官皮箱、镜台上尤为多见。黄花梨喜鹊登梅纹官皮箱（图158）就是实例，程式化的喜鹊登梅纹被雕刻得如此生动，堪称极致。箱之双门上梅花烂漫，成对的喜鹊飞舞蹁跹，这是喜鹊登梅题材内容与形式完美结合的范例。官皮箱前盖墙雕缠枝莲纹。这些纹样出现于清早中期纹饰兼收并蓄时期，这是明式家具雕刻工艺的顶峰时节。

图 158 清早中期 黄花梨喜鹊登梅纹官皮箱（局部）

（北京保利国际拍卖有限公司，2010年春季）

（二）活展腿（可拆分）型

1. 黄花梨活展腿方桌

黄花梨活展腿方桌（图159）上下可拆分开，上部为地桌（炕桌），下部是四腿。边抹冰盘沿，矮束腰，牙板有分心花，其上为螭尾纹，左右为螭龙纹（图159-1）。地桌展腿粗壮，四腿以双枨连接，双枨可十字交叉，可折叠。

所见此类四腿间枨子十字交叉可折叠者，尤其是双枨者，定为可拆分之桌。双枨是四腿足可以平衡折叠的保障，同时亦可加强桌子站立时的强度。

图 159-1　黄花梨方桌牙板上的螭龙纹

图 **159**　清早期　黄花梨活展腿方桌

长 98 厘米　宽 98 厘米　高 86 厘米

（河北私人藏）

2. 黄花梨活展腿方桌

　　黄花梨活展腿方桌（图 160）上下可拆分为地桌和腿足，上部如炕桌，边抹为冰盘沿，有束腰，壶门牙板两端雕草叶式双牙纹。四腿上部为方料三弯腿，下部为圆材直腿。此桌的活腿可分开为两组（图 160-1），这与大多数可拆分展腿桌不同。

图 160　清早期　黄花梨活展腿方桌

长 100 厘米　宽 100 厘米　高 86.5 厘米

（故宫博物院藏）

图 160-1　黄花梨方桌可分为两组的活腿

在明式家具中，存在为数颇多的可拆分家具，除可拆分的展腿桌子外，还有可折叠的家具，如可折叠的炕桌、交椅、马扎、盆架。这些家具都是炫耀性极强的生活用具。

这类搬动频繁的器物本应简洁，但实际上它们往往装饰繁复，制作精良，雕饰绚丽。其原因正是因外出旅行，更需要奢华的器物与宝马雕车相配，以示身份不俗。同时，这些家具也表明当时旅游风尚的炽烈，可见当时的生活风尚。

工艺的发展离不开社会大环境，明式家具的制作同样与当时的经济、文化息息相关。所以，不妨观察一下明晚社会与风尚。

很久以来，我国明清史学界就关注一条史料，以其论证晚明资本主义萌芽、奢靡风尚问题。而关注明式家具史料的人士，对这条史料当然也耳熟能详。

细木家伙，如书桌禅椅之类，余少年曾不一见，民间止用银杏金漆方桌。自莫廷韩与顾、宋两家公子，用细木数件，亦从吴门购之。隆、万以来，虽奴隶快甲之家，皆用细器。而徽之小木匠，争列肆于郡治中，即嫁妆杂器，俱属之矣。纨绔豪奢，又以榉木不足贵，凡床橱几桌，皆用花梨、瘿木，乌木、相思木与黄杨木，极其贵巧，动费万钱，亦俗之一靡也。[1]

这段史料是一个缩影，令人对明式家具制作的社会背景有一个大致的认识，下面逐段分析：

1. 细木家具和黄花梨家具的使用者。"莫廷韩与顾、宋两家公子"，莫廷韩，明万历崇祯年人，号是龙，华亭（今上海松江）人。其曾祖科举入仕，后世家运由此发达。其父莫如忠，嘉靖年进士，隆庆年间，晋官浙江右布政使。莫氏出自松江地区名门大族，中年以后成为一代书画大家，是明末华亭派的代表人物。这里所说还是其早年为富家公子时的情景。

这条文字的重要意义是表明"动费万钱"的黄花梨家具的使用者是莫廷韩之辈的"纨绔豪奢"。一语破题，黄花梨家具就是当时的豪奢阶层用品。

2. 奢靡风尚的产物。"极其贵巧，动费万钱"的黄花梨等硬木家

---

1 （明）范濂：《云间据目抄》卷二"记风俗"，《笔记小说大观》，江苏广陵古籍刻印社，1983年。

具的使用，在范濂看来，是"俗之一靡也"，是当时奢靡风俗的一个表现。在对松江地区一系列浮侈相竞的生活实例的列举中，这段史料只是其中的一条。

3．"动费万钱"，价格几何？《明史·志第五十七·食货五》记载："每钞一贯，准钱千文，银一两；四贯准黄金一两。"明太祖朱元璋在洪武八年正式发行了纸币"大明宝钞"，规定大明宝钞每贯纸币折合铜钱一千文，值银一两，四贯宝钞合黄金一两，即四两白银合一两黄金。按明初规定，"万钱"合为十两银子。

但是，这个规定难以平稳维持，银钱比价一直有所起伏调整，大体上整个明朝一两银子都只能换六七百文钱（有时低到三四百文）。到晚明时，"花梨、乌木"家具"动费万钱"。"万钱"大致实为十两至十四两银子，为当时最便宜一件黄花梨家具的单价。明万历史料《明神宗实录》中还有另外有趣的记载：

神宗时尚食，御前有成化彩鸡缸杯一双，值钱十万。[1]

这说明，在明神宗之万历年，一对成化斗彩鸡缸杯的价格是铜钱十万，大致为一百两至一百四十两银子。明万历沈德符说：

城隍庙开市在贯城以西，每月亦三日，陈设甚伙……至于窑器最贵成化，次则宣德……成窑酒杯每对至博银百金。[2]

这里也说万历时成化斗彩杯存世还较多，每对值银百两。清初朱彝尊《曝书亭集》说：

万历器索金数两，宣德、成化者倍蓰之，至鸡缸非白金五镒市之不可，有力者不少惜。[3]

古代二十两银为一镒，五镒为百两。这段文字说明，至清初，一只成化斗彩鸡缸杯价值基本是一百两银子。"动费万钱""值钱十万""博银百金""白金五镒"，这些数字都是确指，而且是白银并非黄金。

2014年，香港某拍卖会曾拍卖一只明末成化斗彩鸡缸杯，以二点

1　（明）《明神宗实录》。
2　（明）沈德符：《万历野获编》卷二四，中华书局，1959年。
3　（清）朱彝尊：《曝书亭集》，吉林文史出版社，2009年。

八亿港币成交。以此天价来看，明末清初黄花梨家具和鸡缸杯的价格为十几倍之比似乎不可信。但文献文字确凿如此，如何看待这个问题？

一是明代成化斗彩鸡缸杯在几百年的流传过程中，象征性的"富贵符号"意义几何性放大，价格直线上升。高档的、奢侈性的商品不仅具有使用价值和交换价值，而且更重要的是具有符号价值。当一种商品成为社会地位、生活品位和社会权势的象征，这样的商品便成了一种"富贵符号"。不管香港拍卖的鸡缸杯二点八亿的拍卖价有多少虚火，鸡缸杯无疑是以最彪悍的富贵符号意义而赢得市场的巨无霸。

二是它通过设计、造型独特性、制作身世的传奇性、流传的稀有性，建立了品牌与形象，显示商品的独一无二。

对于黄花梨家具在其时整个商品价格体系中的位置精准描绘，有待对其他史料作更深入的梳理。明崇祯《嘉兴县志》还记载：

> 至于器用，先年俱尚朴素坚壮，贵其坚久。近则一趋脆薄，苟炫目前，侈者必求花梨、瘿柏，嵌石填金，一屏之费几直中产。[1]

崇祯年，嘉兴县富奢人家使用家具必求黄花梨、瘿柏、镶嵌大理石和铜饰的，一件屏风的费用几乎价值中产之家的全部家产。

4. "嫁妆杂器"的制作。"而徽之小木匠，争列肆于郡治中，即嫁妆杂器，俱属之矣"。这里有两个含义：

一是小木匠们争着在松江府治开店，此地成为木器造作的聚集之地。职业工匠们扎堆经营，成为行业生产的主力。这是明式家具生产商业化、专业化的表现。

明式家具是传统匠作与社会近代工业化萌芽结合的产物。它发生和发展于经济最发达的太湖流域地区和最开放的福建沿海地区便是可以理解了。

二是所制多为"嫁妆杂器"，黄花梨家具中，镜台、镜架、闷户橱（"嫁底"）等是非常明确的陪嫁家具。此外，其他大量的各类黄花梨家具重器上，有象征意义明确的喜鹊登枝纹、凤纹、麒麟（送子、吐书、葫芦）纹、子母螭龙纹，它们无不是婚庆用具的标志。

明式家具的主体是在婚嫁时置办的，它的社会含义深厚，炫耀性消费强，而这些无疑是推动明式家具制作发展的动力。

1　[崇祯]《嘉兴县志》卷一五"政事志·里俗"，书目文献出版社，1991年。

图 161-1　黄花梨长方桌
腿部上端的抱肩榫

十、方腿圆作桌式

桌类有束腰一定要用方腿，将方腿下端做圆的形式之一是展腿式。此外，另一种是方变圆式，即方腿圆作桌式，可见以下诸例。

1. 黄花梨方腿圆作长方桌

黄花梨方腿圆作长方桌（图 161）有束腰，腿部上端为方正抱肩榫，但处理为圆材（图 161-1），方圆自然过渡。

此类实物极少见，其方圆转换的形式感显然没有展腿桌那么强烈。其面板两拼，用板厚实。牙板圆浑如圆材，与圆腿相交圈，与罗锅枨相呼应。同时桌面下尚加有霸王枨加强结构支撑。

图 161　清早中期　黄花梨方腿圆作长方桌

长 99 厘米　宽 84 厘米　高 83.8 厘米

（选自楠希·白铃安：《屏居佳器——十六至十七世纪中国家具》，波士顿美术馆）

2. 黄花梨方腿圆作方桌

黄花梨方腿圆作方桌（图162）有束腰，在抱肩榫处已经着力做圆，圆润如球。罗锅枨为攒接式，横平竖直，而且束腰打洼（图162-1）。对于打洼束腰，在断代中应格外重视，这是一个重要的时间标志，它是黄花梨家具末期发展变化的产物。此后，紫檀、红木家具上常有此类式样，上海行家们称之为"红木家具的哥哥"，表明其年代偏晚。

黄花梨家具主体的发展路线是沿着观赏面不断加大法则进行的，为第一轨迹。进入清早中期以后，有些黄花梨制品没有沿着增加雕刻、增加构件之路行进，而是继续简洁。但是，其简洁并非旧日的一成不变，而是时移形易，表现出新时期的符号。此为第二条发展轨迹的产物。实例如此方桌整体简素，但其攒接式罗锅枨和束腰打洼的特征，就是偏晚时期发展而出的范式。后来，红木家具传承了这种式样。

图162-1 黄花梨方桌上的打洼束腰

图162 清中期 黄花梨方腿圆作方桌
长72厘米 宽72厘米 高82.5厘米
（选自德国科隆东亚艺术博物馆：《极简之风——霍艾藏中国古典家具集藏》）

黄花梨方腿圆作方桌因束腰打洼被认定年代偏晚。因为，后世的匠人们希望改善、美化原有的束腰，故将束腰由平直变为打洼。每一代人毕竟要有所进步和变化，遂有束腰之变。清中期的紫檀家具上，束腰打洼已比比皆是。同时，其身上往往带有这个时期强调的雕刻图案。如紫檀西番莲纹条桌（图163），束腰打洼，牙板和角牙的纹饰明确为清中期风格。清晚期，红木家具上，更普遍地使用了打洼束腰，有的更进一步，打洼束腰上还要上下起线。

每一个构件的每一个异动都意味着时代的流变。断代中，这是十分重要的抓手。同理，如果一件黄花梨家具上出现打洼束腰，它一般处于明式家具的末期，即清早中期，乃至进入了清中期。

图163 清中期 紫檀西番莲纹条桌

长 127.5 厘米 宽 32.5 厘米 高 87.5 厘米

（故宫博物院藏）

十一、矮束腰桌式

"矮束腰"主要是指以束腰与牙板一木连做的束腰形式，被称为"假两上"。其实，其自身发展也经历了逐渐由矮向高的增大演变。最后束腰越来越高，与牙板二木分做，成为"真两上"形式。这种发展亦符合观赏面不断加大法则的规律。

明式家具中，桌、几、椅、凳常有矮束腰之作。它们更广泛存在于闽作之中。

传统说法认为，束腰来源于佛像下的须弥座。固然，须弥座上的中间内收，上下宽出，但那种形式是高大超常的"束腰"，木器束腰如何仿效成如此之矮的相貌？

1. 黄花梨矮束腰条桌

黄花梨矮束腰条桌（图164）束腰低矮，为一木连做的"假两上"工艺。

牙板小圆角与四腿相接，直腿马蹄足。

图164 清早期 黄花梨矮束腰条桌
长 87.6 厘米 宽 39.4 厘米 高 83.8 厘米
（选自马克斯·弗拉克斯公司：《中国古典家具图册 II—1997》）

2. 紫檀方料打洼条桌

紫檀方料打洼条桌（图165）矮束腰与牙板一木连做，牙板与其下直枨间加矮老形成长方框，开槽装绦环板，板上开鱼门洞（图165-1），框下安小角牙，足内翻高马蹄。

全器之美，在于通身洼面，饰捏角线修饰。抱素怀朴又别开生面。边抹立面、束腰、牙板、长枨、四腿立面均为打洼加捏角线，横竖洼面贯通，成优美的交圈。

设计上看似天然无雕饰，实则处处匠心经营。洼面是明式家具中方料圆作方式的一种，使全器方中有圆。正面有节奏的五组鱼门洞增加了器物的空灵感。全器呈现光素特征，但高马蹄表明其年代偏晚。

对这类矮束腰，有行家认为，它们的最早发生可能就是由四面平式或假四面平式演变而成的。当工匠想让观赏面更丰富一些时，便在牙板上做出凹线，于是束腰式样诞生了。这种观点颇有启发性，和传统之说截然不同。笔者大胆推测一下，传统的边抹和牙板相连的桌凳，当其面沿下的压线过宽之时，就有束腰之态了。日后，为节省材料，这条窄线移到牙板后，就成为"假两上"之一木连做。这一过程应在明式家具发生前就基本完成了。所以在明代刻本图书和家具实物中，可以看到个别遗存之迹。

图 165-1　紫檀条桌绦环板上的鱼门洞

图 165　清早期　紫檀方料打洼条桌

长 196 厘米　宽 61 厘米　高 88 厘米

（北京私人藏）

3. 紫檀浑天仪架托

紫檀浑天仪架托（图 166）为浑天仪架。浑天仪黄道带上刻有满汉文字，可知它是康熙八年（1669 年）由南怀仁献入宫廷，作为给康熙帝演示的仪器。

紫檀架托全身光素，仅牙板、腿足起线，托泥上马蹄高矮适中。但是观察其有无新的变异细节符号时，会发现其束腰（图 166-1）已经变高，尤其是托泥为罗锅枨式，这都是新出现的变异特征，也表明年代偏晚。

图 166-1 紫檀架托上的束腰

图 166 清康熙 紫檀浑天仪架托

长 35.8 厘米 宽 35.8 厘米

（故宫博物院藏）

4. 黄花梨罗锅枨条桌

黄花梨罗锅枨条桌（图 167）有一系列年代偏晚的特征：

矮束腰，但束腰（图 167-1）由上向下向外倾斜，有些像托腮，且下端压线。牙板与腿交接的圆角极小。罗锅枨高起（图 167-2），拐弯处生硬，两端各由两材相连。马蹄足较高。

此条桌虽然光素，但充满年代迟晚的细节符号，属后明式家具时代器物。

图 167-1 黄花梨条桌上的束腰

图 167-2 黄花梨条桌上的罗锅枨

图 167 清中期 黄花梨罗锅枨条桌

长 133 厘米 宽 69.5 厘米 高 83 厘米

（选自埃斯肯纳茨：《明式家具展览图册》）

十二、高束腰碗口线桌式

这里所说的"高束腰",专指一种"真两上"的束腰形式,一般与碗口线、"平直、凹线、凸线"(简称为"平凹凸")面沿形态相配,三者组合是一种程式化形制。高束腰本身也是由矮向高发展的,只是现在多见束腰高于面沿之作。

1. 黄花梨高束腰条桌

黄花梨高束腰条桌(图168)桌面喷出,大边、抹头面沿不同于一般矮束腰桌子的上舒下敛的冰盘沿,而是由上至下呈"平凹凸"的面沿范式。高束腰,四腿榫头露明(图168-1),膨牙板与腿相交,牙板与四腿边缘以碗口线修饰。霸王枨支撑四腿。这些都是此类器物的基本特点。

图 168-1 黄花梨条桌上的露明榫头

图 168 明末清初 黄花梨高束腰条桌
长 102 厘米 宽 60 厘米 高 81 厘米
(选自美国加州中国古典家具学会:《中国家具文章选辑 1984—2003》,香港定向杂志限公司)

碗口线的特征是像瓷碗口沿，线脚由边缘向里侧起地是平缓的，不似灯草线起底处为一条硬阴线。碗口线与牙板最高处高度是基本一致的。

高束腰、碗口线和"平凹凸"边抹面沿组合多见于桌子上，但是，它在几、凳、床、榻上也存在，历年来发现于苏作各地，可以认定为苏作产物。

在"高束腰"形态下的桌、床等作品上，牙板多饰碗口线，但个例也有灯草线或打洼皮条线作品。由于"高束腰、碗口线"桌几桌面外喷，牙板膨出，腿足榫头必须靠里，这就要求边抹和腿足用料较大，高束腰是一种比较奢侈的器形。

束腰矮于面沿的作品也存在，如黄花梨十字连方纹架子床（见图514）、黄花梨高束腰榻（见图484），其束腰均矮于面沿。

一般而言，这种束腰形式仍然是矮者年份较早，高者年份较晚。有行家讲，这种束腰有3厘米的、3.5厘米的，高的可达4厘米，越后来者越高。这种总结也符合明式家具发展的基本规律。

明崇祯《花莹锦阵》版画插图中，有高束腰条桌图像（图169）。

图169　明崇祯《花莹锦阵》版画插图中的高束腰条桌

2. 黄花梨翘头条桌

黄花梨翘头条桌（图170）边抹面沿由上至下看同样为"平凹凸"的曲线变化，高束腰，腿上端的榫头露明，牙板和腿足边缘饰碗口线（图170-1）。桌面外喷，小翘头又更增加了器物的耸起感，牙板膨出。三弯形霸王枨与牙板腿足交接处的圆弧形成上下相对的微妙呼应。

此条桌高束腰、榫头露明、牙板和腿足边缘起碗口线、桌面外喷、牙板膨出、霸王枨，这些都代表着此类器形的基本要素。高束腰中间置一抽屉，在此类器物中较为特殊。

高束腰桌多见于苏作之中。尽管以上两例高束腰的条桌都有霸王枨，但一些高束腰桌遗物上无任何支撑，可见高束腰设计上本身有力学之考虑。它放低牙板，相当横枨作用，可以加强支撑四腿。束腰两端露明，也是有利于腿上端的粗大有力。至于高束腰的审美则是第二性的。

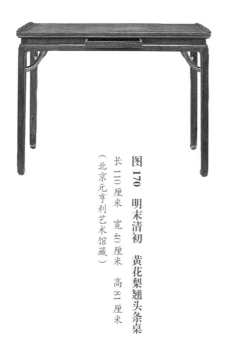

图 **170** 明末清初 黄花梨翘头条桌

长 110 厘米 宽 40 厘米 高 81 厘米

（北京元亨利艺术馆藏）

图 **170-1** 黄花梨条桌牙板与腿上的碗口线

以太湖流域为中心的"苏作"家具地区是明式家具两大制作中心之一，闽作明式家具受沿海口岸所赐，而苏作明式家具则是另一种特殊的历史环境下的产物。

苏作地域包括以苏州为中心的松江、常州、镇江、应天（江宁）、杭州、嘉兴、湖州八府及太仓等八府一州，这一地区也称长江三角洲或太湖流域。此外江苏北部、安徽南部等地作品也属于苏式范围。

此区域是明清时期全国经济最发达地区，这点是理解苏作明式家具的一把钥匙。沿着这个思路，可理解为什么苏作代表着明式家具的最高成就。

1. 首富之区。由于历史上区域经济变迁，太湖流域在明清时期经济发展中一枝独秀。在16世纪中期到17世纪中期（即明中期到明末）的百年间，海外贸易中换取欧亚贸易白银的生丝、丝织品主要来自太湖流域，这一地区成为首富之地。首富之区就是经济中心、文化中心、消费中心、制作中心和流通中心，全国的顶级工艺品都有制作，能工巧匠荟萃。

此时期海内外珍贵物产尽聚于苏州等地。海内珍贵特产不必说，海外之香料、木材、珍稀动植物品等，在强烈的需求下，不远万里而来，加工后又分销四方。苏州等地在分销这些高档商品中具备巨大的能量。有史料称：

商贾贩鬻，近自杭、歙、清、济，远至蓟、辽、闽、陕。[1]

黄花梨、紫檀家具自然包括在各种高档商品、奢侈产品中。

晚明时期，高档商品的消费中，"以苏州为中心，附带江南地域，构成一个辐射全国的时尚效仿传播体系"。此时的苏州作为造物艺术的中心城市，对全国各地时尚流行的影响举足轻重，所谓"吴市日骛新异，趋时者竭蹶勉应"。

当代研究者认为："面对这股强大的时尚消费潮流需求，苏人则以日益求精创新的方式来应对，所谓'造作者以新式诱人，游荡者以巧冶成习'。苏人以自己的努力和域外的认可，形成和确立了自己独特的造物艺术样式和审美品位。'苏样''苏意'的称谓，无论褒贬，从造物艺术的角度来看，既是以苏州为样板的时尚造物艺术的效仿和传播互动影响的结果，亦是对苏州造物艺术工艺所取得成就的一种肯定。"[2]

2. 奢靡风盛。明晚期，社会富足，奢靡风气起，侈器豪物必兴。汉、唐、宋、明、清、民国历代如此。晚明天下承平，社会财富骤增，大量的财富被少数官贵、商贾、乡绅占有。苏州地区又一次领风气之先。"江南之侈尤莫过于三吴。"[3]

奢靡风尚固然是偏贬义的词汇，但在贫困交加、缺衣少食的时空中，哪里有奢侈精美的工艺品可言。

1 ［万历］《嘉定县志》卷六。
2 巩天峰：《时尚消费与时尚传播的互动效应对晚明造物艺术的影响》，《装饰》2013年第3期。
3 （明）张瀚：《松窗梦语》页97，中华书局，1985年。

3.产品整体的高品质性。苏州地区生产的工艺品和奢侈品,生产史上被为"苏样""苏意""苏作""苏式",它们总是代表着某一门类的最高水准和前卫水平。明人张瀚说:

四方重吴服而吴益工于服,四方重吴器,而吴益工于器,……工于器者,终日雕镂,器不盈握而岁月积劳,取利倍蓰。工于织者,终岁纂组,华不盈寸。而锱铢之缣,胜于寻丈。是盈握之器,足以当终岁之耕。累寸之华,足以当终岁之织也。[1]

清人纳兰常安曾云:

苏州专诸巷,琢玉、雕金、镂木、刻竹,与夫髹漆、装潢、像生、针绣,咸类聚而列肆焉……凡金银、琉璃、绮、铭、绣之属,无不极其精巧,概之曰苏作。[2]

当一个地区的生产和消费良性互动时,会呈现如此情景,即消费需要高品质商品,制作者则更注重产品的高质量以赢得客户。"人心益巧而物产益多,至于人才辈出,尤为冠绝。"经济史家研究指出,明清苏州地区的手工艺产品,表现为以高品质占领市场、赚取高额利润为特点。

明清江南地区突出的高消费行为是以奢侈品为消费大宗,其手工业生产奉行的是质量竞争,而不是价格竞争,这完全体现着奢侈品的特征。与此相反的大众产品,则是以高产量、低成本、低价格占领市场的。尽管有人认为从社会发展史角度看,这样的奢侈品消费无益于经济结构的突破。

4.巧工良匠。没有良匠、哲匠便无奢侈品。无奢侈品便构成不了奢靡浮华的年代。从生产角度观察奢侈品和工艺品的制作,首先要肯定一个重要元素——高智力、高技艺的人力,也就是能工巧匠。

苏州地区在奢侈品生产法则(即以高品质获取高回报的生产法则)下,手工业各个工艺门类普遍高质量地发展,名匠一时纷纷登上历史的舞台,出现了大量名牌匠师。

袁宏道说:"近日小技著名者尤多,然皆吴人。"[3]此类史料记载极多。诸多名牌行业和名家出现代表了苏州地区在各个行业工艺制造上独步一时的状态。

社会经济背景如是,工艺品行业如此。故而,苏地私家园林、高档屋宇、器物文玩得到长足发展。苏作明式家具作为其间一分子,赢得了工艺美学发展的历史机会。明式家具制作精良的重要原因,也是赶上了那个制作行业的高峰时期,这是群星灿烂的"艺术品"黄金时代。

---

1 (明)张瀚:《松窗梦语》,页85,中华书局,1985年。
2 (清)纳兰常安:《爱宜室宦游随笔》卷一八;谢国桢:《明代社会经济史料选编》上,页90,福建人民出版社,1980年。
3 (明)袁宏道:《袁中郎全集》卷一六"时尚"。上海古籍出版社,1985年。

5.木作传统。苏作家具还有一个必备的工艺条件,那就是太湖流域和徽州地区具有高品质的柴木匠作传统,这是长久而宝贵的历史积淀。古来柴木家具细致的匠作工艺和精巧的款式是苏式明式家具的坚实基础。

闽作、苏作明式家具在初始时期,仿制、拷贝了此时的柴木家具,两者形态在明万历年前后存在交叉、重叠,有很强的一致性。换句话说,就是在明代晚期,当黄花梨等木材贩运到大陆,对其加工制作的工匠就是制作柴木家具的高手。所以其此时明式家具之作必然与柴木家具式样一致。苏作家具有自己的主要特点:

1.器型高大者少,用料秀气。江南地区使用海外木材,木料由沿海运到内地,运输成本的高昂,使江南家具在用料上,来不得太多的奢侈,这也是成就了苏式家具保持着精致细巧风格的原因之一。当然,江南人细腻的工艺传统是需要另外展开的话题。

2.用料合理节俭,善于积小成大,攒、斗、垛等作品较多。

3.桌、案、几、椅、凳、墩、橱、柜的面底和椅子背后,常常披麻挂灰、髹红漆或黑漆。

4.主体硬木结构中的隐蔽构件,有时以楠木、杉木、铁梨木作局部构件,如桌案穿带、柜橱后背面、抽屉底等。

当时对外贸易口岸,主要是福建漳州、泉州、厦门、福州、莆田仙游等港口。晚明的黄花梨原料来源也大致不外乎上述几条路线,月湾港自隆庆元年开关,无疑是海外贸易的最重要口岸。但同时,民间海商在东南沿海各港口的小规模走私和活动也不曾停止过,从而形成闽作。在明式家具早期,遵从漆木、柴木家具的基本范式,各地硬木家具形态一致性较大。进入明式家具晚期,即到清早期,闽作和苏作家具的形态,则越来越多地表现为有所区别和分化。

总的说,闽作和苏作两地都是明清富裕之区,属于丝制品的生产或加工地,是明清奢侈风尚的流行区。苏地的生丝、丝绵、棉布多由福建口岸外销,苏作木材原料多由福建口岸而来。江苏、福建两地交往、交流极为密切,两地家具制作大形态上自然也有一定的相近性。

十三、三弯腿桌式

尽管在明代版画插图图像中，能够看到三弯腿香几，但是，在这些图像上未曾见过三弯腿桌子。在黄花梨桌子中，所见的三弯腿实物基本是清早期制作。可能是早期的在历史长河中被毁灭了，也可能三弯腿桌子就是只产生于清早期。作为研究，只能有一份材料说一分话，以现存的清早期资料作结论。

1. 黄花梨子母螭龙纹条桌

黄花梨子母螭龙纹条桌（图171）壶门式牙板轮廓曲状起伏，左右两侧下缘有多个牙纹修饰。牙板上两侧分别雕大螭龙（171-1），尾部分叉卷曲。一对大螭龙中间卷草形纹饰一如螭龙纹尾部，它是小螭龙纹的简化形式，笔者称之为"螭尾纹"。这种大螭龙纹之间存有的螭尾纹图案广泛存在于各类明式家具牙板上，与螭龙纹组合，代表着大小螭龙的组合，意为苍龙教子。

牙板两端，回首相望状的小螭龙更进一步加强了大小螭龙的主题。

图 171　清早中期　黄花梨子母螭龙纹条桌

长 175 厘米　宽 59 厘米　高 91 厘米

（原美国加州中国古典家具博物馆藏）

图 171-1　黄花梨条桌牙板上的螭龙纹

桌腿作三弯式，足下外卷圆球。外卷球足是比较晚出的式样，在形式设计中，增加球体，会使足端变得更厚重，以达成与桌子上部的平衡。三弯腿足部厚大，目的是为了与雕刻复杂的上部相协调。这与上述展腿桌足下往往有宝瓶足的设计用心是一样的。

此桌结构纤巧，雕饰精致，尤其三弯腿式样富有新意，优美曼妙，妍姿秀质。明式家具中，有纯朴隽永的，有张扬秾丽的，本例则属柔婉妩媚的一脉。

物换星移，当时光走到清中期后，这类桌子的优雅之态在追求更大雕饰观赏面浪潮中不复存在，被另一种审美观和设计实践所替代。

在探讨明式家具图案的过程中，一直有一个神秘的难题，这就是众多器物的牙板、前楗中间的卷草形纹饰，传统称谓为"卷草纹"，[1] 而且似乎已成定论，深入人心。

"卷草纹"简单地得名于形，但其由何而来，寓意是什么？在大量双首相向的螭龙纹中间多有这种"卷草纹"，它为何如此程式化地搭配？为何这么持久广泛地使用于明式乃至清式家具上？这本来是一个大谜团，但人们见怪不怪了多少年。

图像观察让"卷草纹"谜底，首先是从另一端解开。仔细观察众多图例，在一些牙板、前楗上左右两个螭龙纹分叉卷曲状的尾部后面，往往有不显眼的纹饰也是分叉卷曲状，其形态与螭龙纹尾端是一致的。

再进一步观察，大量的牙板、前楗的螭龙纹中间的"卷草纹"，也与左右两侧的螭龙尾端（分叉卷曲状）形态相近同。只是牙板、前楗两端的卷草形纹饰只取螭龙的尾尖，而牙板、前楗中心的"卷草纹"则取螭龙的后段尾部，并左右对称，构成一个新的草蔓样形象。

发现这个规律，再以其观察各个实物，除某些晚期变异形态外，屡试不爽，可称之为固定范式。实际上，这种"卷草纹"左右枝形态就是两个螭龙的分叉卷曲状尾部形态，它们是小螭龙的象征和喻象。

战国、两汉以来，延续下来的螭龙纹尾部一直就是卷草形的，呈分叉卷曲状，这种卷草形螭龙尾部在明式家具上略加演变和美化。而长期以来，人们一直误把卷草形螭尾纹认为是另外的草叶装饰。

这种左右分枝的卷草式螭尾纹分别与左右两面的螭龙纹组合，构成为左右对称的两组

1　王世襄：《明式家具研究》文字卷，页179，《名词术语简释》，三联书店香港有限公司，1989年。

子母螭纹饰图案。大螭龙张其嘴，理应是面对小螭龙施教。那左右向的卷草形螭尾纹正是大螭龙施教的对象——小螭龙。不然，两个大螭龙，张嘴怒喊便无法理解。只有这种理解，才能解释两只螭龙张嘴相向的对象为何物，才能理解所谓"卷草纹"之来路和含义，它和螭龙纹之间才有了逻辑关系。所以，笔者得出的结论是：牙板、前桯、靠背板上两个螭龙中间的卷草纹就是左右对称的螭尾纹，应称为双螭尾纹，或简称为螭尾纹。其卷草形螭尾纹是喻象，小螭龙是喻意。

如果以图像学的理念看，明式家具上的纹饰图案系统是思想观念的具体形态。其图必有意，意必含有社会心理。古人不会无缘无故地长期大规模地使用一种没有寓意的卷草叶纹饰图案。

由此递进思考，明式家具上所有的草叶形态（包括卷草式、草芽式及演化的拐子式）的纹饰图案，都是与螭龙纹或螭凤纹尾部形态相关的。大致来看，其与原型越相同、越相近者，年代越早；与原型越不相同、越不相近者，或者说是卷草形态变异越大者，年代越晚。

螭尾纹是明式家具中极为重要的图案符号，从符号学的角度说，它是"能指"，它代表的一种历史价值观是"所指"。苍龙教子、教子成才就是其所指，就是其当时的含义。

当人们接到某种民俗信息时，立即会经过听觉、视觉或其他感官接收到一个直观的、形象的、具体的东西，这便是民俗符号的"能指"。"能指"只是完成了符号传送信息的一半任务。那一个个被推知、被理解或被联想到的民俗含义或概念，则是民俗符号的"所指"，也就是人们赋予民俗的内涵和外延。正因为有了民俗符号的"所指"，才最后完成了传递民俗信息的任务。民俗符号的"能指"和"所指"关系便是符号的形式和内容的关系，便是对符号的意义分析。比如："红枣、花生、桂圆、栗子"是能指，所指是早生贵子，表达了人们对婚姻缔结的结果——繁衍后代的殷切期望，由此构成一个美满、和睦、幸福的民俗象征符号。[1]

在明式家具上，各种图案符号都有意义明确的所指，即明确的内容含义。我们应该结合符号学、历史学的基本原理对明式家具进行具体的、落地的解读，这样可以得出超出单纯家具史范畴的图案研究结果。

---

1   白丽梅：《民俗的符号学诠释》，《光明日报》2004 年 8 月 17 日。

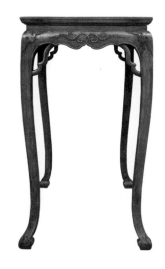

图 172-1 黄花梨条桌的侧面

2. 黄花梨三弯腿条桌

黄花梨三弯腿条桌（图 172）气象自然简洁，壶门牙板上，中间雕螭尾纹，两侧为螭尾尖纹饰，左右下边缘各出三个牙状曲线。三弯腿肩部雕变异之螭尾纹，厚大的内卷云纹足部支撑起全桌上下的均衡感。腿部弯曲，适度合宜，优美而稳定。桌下有角牙连接牙板和四腿。其侧面（图 172-1）形态与正面相一致。

图 172　清早期　黄花梨三弯腿条桌

长 96 厘米　宽 49.5 厘米　高 87.3 厘米

（选自邓南威：《隽永姚黄——中国明清黄花梨家具》，三联书店）

许多明式家具放纵的用料、精巧的设计制造，会让人发问，当时人是如何生活的，为何会使用此等高贵而豪华的家具用品？这是多么奢侈的日常用品啊！

在传统道德与政治的框架中，奢侈品是负面的概念，等同于挥霍、浪费、腐朽等。而当下论者则指出，从经济意义上看，奢侈品实质是一种高档消费行为，本身并无褒贬之分。从社会意义看，这是一种个人品味和生活品质的提升。它代表着正面的含义，即创造的智慧、高品格的追求。

如果说"奢侈品"一词是当代的语汇，近年来才出现于国人之口，实际上，奢侈品的生产和消费在悠久的中国历史上已长久存在，尤其是在封建宫廷和贵族生活中。其实物遗存作为历史和文明的见证，今天以正面形象收藏、展示于各大小博物馆中。

如果能以奢侈品之特点更准确地突显出明式家具的本质，进而顺理成章梳理相关问题，就应该关注现代奢侈品理论。黄花梨、紫檀家具几百年前已具有现代商品理论中奢侈品的四大特征：非必需性、稀缺性、昂贵性、精英性。

1. 黄花梨、紫檀家具自然对绝大多数人不是非要不可之物。中外交通史研究表明，明清海外贸易中出口的丝绸、瓷器、茶叶等，在海外目的地国被视为奢侈品，仅供富贵者享用。海商由于对利润的追逐，从海外换回白银之外，进口的物品也均非生活必需品，而一定是奢侈品。黄花梨、紫檀均属此类。

2. 稀缺性是物品成为奢侈品的必要条件，它们往往有原料的限制，如金玉宝石和高科技原材料等。黄花梨和紫檀均是生长在原始地区的稀有树木，远离中华大陆。黄花梨自古只产自琼州（海南）、安南（越南）的深山之中。明人说："花梨木、鸡翅木、土苏木皆产于黎山中，取之必由黎人，外人不识路径，不能寻取，黎众亦不相容耳。"[1] 它逶迤千万里，越洋入关登陆，方可制作成器。其稀缺性不言而喻。

3. 奢侈品价格的制定有一系列的成本考虑，如上好的用料，还有设计成本、制造工艺成本、营销成本以及财富的附加性。这致使奢侈品的昂贵成为必然。贵不一定是好的，好的一定很贵。从珍贵原料到优质的制作，令黄花梨、紫檀家具价格不菲成为古今常态。

4. 明式家具消费是权力精英、财富精英的消费，它们永远是占有大量社会财富的少数人群专属用品。明清乃至今天，没有较高生活质量的人群绝对与黄花梨、紫檀家具无任何交集。

---

1 （明）苏玠：《海槎余录》，《文渊阁四库全书》史部，正吏类，明史卷九十七。

十四、窄牙板桌式

窄牙板桌式是牙板中段窄、两端宽的式样，分界点上出尖牙纹。

1. 黄花梨托泥条桌

黄花梨托泥条桌（图173）桌面攒框镶绿石板，石材与条桌木材形成强烈的色彩对比。牙板中段窄，而两端加宽，有如罗锅枨曲线，这是闽作器物牙板的特征。它增加了牙板的波折变化，大圆角交接处又加大了支撑强度。其边缘起阳线，贯通腿足。四腿修长，侧脚幅度颇大，足端内翻长扁马蹄，这种硕大的马蹄足在以后的广式家具上也有传承。足承托泥，四腿由上至下逐渐做细。

足下装有托泥。托泥在功能上，强化了四腿的稳定。在视觉上，它使重心下移。

明式家具中，腿下有枨、无枨的条桌为数众多，而带托泥的条桌则寥若晨星。

托泥式样诚然利于器物的稳固，但不利于桌类足下的清理和主人腿脚的出入屈伸。由于材质性能远胜过漆柴木，硬木家具逐渐放弃了漆柴木家具长久以来的托泥范式。但香几类器物比较特殊，由于不涉腿脚屈伸的问题，又常在室中央、院子中央摆放，更注重足下的稳定，所以香几常保留了托泥。

图173 明末清初 黄花梨托泥条桌
长 101.8 厘米 宽 66.6 厘米 高 84.4 厘米
（香港徐公艺术馆旧藏）

明式家具不是独立的存在，它和当时的社会文化、经济商业是密不可分联系的。所以，我们视野可以更宽阔、更深远一些。

在黄花梨家具光耀全球的上世纪 80 年代，中国史学界掀起了一个学术风潮，持续 30 多年，余波至今。其课题为"明清时期的奢侈消费风尚"。

整个学术界对明晚期风气的面目认定是一致的，"以奢靡争雄长""鹜华糜以相夸耀"，在明代弘治、正德、嘉靖、万历年间的奏疏、笔记、方志中，这些语言是非议社会奢侈生活的常用词汇。如明代弘治、正德年间的周玺就指出：

中外臣僚士庶之家，靡丽奢华，彼此相尚，而借贷费用，习以为常。居室则一概雕画，首饰则滥用金宝，倡优下贱以绫缎为袴，市井光棍以锦绣绫袜，工匠役之人任意制造，殊不畏惮，虽朝廷禁止之诏屡下，而奢靡僭用之习自如。[1]

当代学术界对明清"奢侈之风"范畴的理解是：

1. 超过自身生存和发展需求之外的消费（以社会基本的消费水准为参照）。

2. 超过自己支付能力的消费。

3. 过渡浪费的消费。

4. 违礼逾制的消费。

这些主要表现在上层贵族、官僚、大商人身上，波及社会各界。

晚明人糜丽相竞、轻财重奢的相关史料，浩瀚纷复，多不胜数。我们可以把目光集中于江南地区，嘉靖年归有光写江南诸郡县：

俗好婾靡，美衣鲜食，嫁娶葬埋，时节馈遗，饮酒燕会，竭力以饰美观。富家豪民，兼百室之产，役财骄淫，妇女、玉帛、甲第、田园、音乐，似于王侯。[2]

弘治朝方志上记载松江（今上海）地区：

崇华黜素，虽名家右族亦以侈靡争雄长，往往逾越其分而恬然安之。[3]

正德朝方志写苏州地区：

吴下号为繁盛，四郊无旷土，其俗多奢少俭，有陆海之饶，商贾并凑，精饮馔，鲜衣服，丽栋宇，婚丧嫁娶，下至燕集，务以华缛相高，女工织作，雕镂涂漆，必殚精巧。[4]

1 （明）周玺：《垂光集》卷一"论治化疏"，《文渊阁四库全书》史部六。
2 （明）归有光：《震川先生集》卷一一"送昆山县令朱侯序"，上海古籍出版社，1981 年。
3 ［弘治］《上海志》卷一"疆域志·风俗"，《天一阁藏明代方志选刊》，上海书店，1990 年。
4 ［正德］《姑苏志》卷一三"风俗"，《天一阁藏明代方志选刊续编》，上海书店，1990 年。

隆庆朝方志写扬州仪真县：

婚丧宴会，竞以华缛相高，歌舞燕游，每与岁时相逐。[1]

万历朝方志写昆山地区：

邸第从御之美，服饰珍馐之盛，古或无之。甚至储隶卖佣，亦泰然以奢靡相雄长，往往有僭礼逾分焉。[2]

顾起元引明人王丹丘《建业风俗记》中把南京风俗的流变节奏说得更为清楚：

正德已前，房屋矮小，厅堂多在后面，或有好事者，画以罗木，皆朴素浑坚不淫。嘉靖末年，士大夫家不必言，至于百姓有三间客厅费千金者，金碧辉煌，高耸过倍，往往重檐兽脊如官衙然，园囿僭拟公侯。下至勾阑之中，亦多画屋矣。[3]

万历朝范濂写松江地区：

纨绔豪奢，又以椐木不足贵，凡床橱几桌，皆用花梨、瘿木、乌木、相思木与黄杨木，极其贵巧，动费万钱，亦俗之一靡也。[4]

崇祯朝方志写嘉兴地区：

至于器用，先年俱尚朴素坚壮，贵其坚久。近则一趋脆薄，苟炫目前，侈者必求花梨、瘿柏，嵌石填金。一屏之费几直中产，贫薄之户亦必画几、熏炉、时壶、坛盏、强附士人清态。无济实用，只长虚器，风之靡也非一日矣。[5]

以上两条史料是在喟叹"俗之一靡""侈者"的语境下，表述黄花梨家具的使用。清康熙方志写巢县之晚明风尚：

至万历末及天启、崇祯初，人争以宫室高大、衣服华丽、酒食丰美为荣，燕会海味错陈者数十种，器用务求精巧，至担夫妇女，亦着彩帛，田农佃户亦设丰席，虽借贷亦为之，非是则以为耻。[6]

1 [隆庆]《仪真县志》卷一一"风俗考"，《天一阁藏明代方志选刊》，上海古籍出版社，1961 年。
2 [万历] 周世昌：《重修昆山志》卷一"疆域·风俗"。，广陵书社，2010 年
3 （明）顾起元：《客座赘语》卷五" 建业风俗记"，页 170，中华书局，1987 年。
4 （明）范濂：《云间据目抄》，《笔记小说大观》第二册，江苏广陵古籍刻印社，1983 年。
5 [崇祯]《嘉兴县志》卷一五"政事志·里俗"，书目文献出版社，1991 年。
6 [康熙]《巢县志》卷七"风俗"，黄山书社，2007 年。

当时风尚奢侈引起家业败落的记载，也时有所见：

是以生计日蹙，生殖日枯，而又俗尚日奢，妇女尤甚。家才担石，已贸绮罗；积未锱铢，先营珠翠。每见贸易之家，发迹未几，倾覆随之，指房屋以偿逋，挈妻孥而远遁者，比比是也。[1]

江南的中心江苏地区，在此风气之下，工商业有几种现象：

1.侈靡风俗导致从商者多，工商之利，众人趋之若鹜。生活在嘉靖年间的吴中名士何良俊说：

昔日逐末之人尚少，今去农而改业工商者，三倍于前矣……大抵以十分百姓言之，已六七分去农。[2]

明张瀚说：

今也，散敦朴之风，成侈靡之俗，是以百姓就本寡而趋末众，皆百工之为也。[3]

2.江南地区的高消费能力表现为以生产高品质的奢侈品为大宗，手工业走向注重品质的专业发展，手工业生产者奉行以质量取胜，而不是以低质低价取胜。

在奢靡的大潮下，海外贸易和国内长途贸易空前发达，发达的物流为消费带来了更大的便捷。

燕、赵、秦、晋、齐、梁、江淮之货，日夜商贩而南，蛮海、闽广、豫章、楚、湘、瓯越、新安之货，日夜商贩而北。[4]

以上海量的对侈靡的行为描述，表述了黄花梨家具开始使用时的大背景。在全社会浮华日隆、竞事华侈风尚之中，天涯海角的木材，不远千万里而来，明式家具泰然登临。

生活上的骄奢淫逸，在历史上一直存在，起码从战国两汉、魏晋南北朝、唐宋元均是如此，但其阶层主要是皇室宗亲和世家大族。考古发现的历代大墓基本是此类，它们构成了我们回顾民族辉煌历史的物证。

晚明的奢靡风尚的新特点是以官宦阶层、新兴富有阶层的登场为标志，各大商帮形成，经商成为社会风尚。权力阶层、财富精英们热衷奢侈消费，炫财耀富潮流汹涌。

学者们对奢侈文化的评价也分正反方。"一些学者明显地对'奢靡'风习持肯定态度。认为其代表、预示着新旧交替的曙光，解决了城市人口就业问题，冲击了封建伦理与等级

---

1 （明）顾起元：《客座赘语》卷二"民利"，页67，中华书局，1997年。
2 （明）何良俊：《四友斋丛说》卷一三"史九"，页112，中华书局，1959年。
3 （明）张瀚：《松窗梦语》卷四"百工纪"，页77，上海古籍出版社，1980年。
4 （明）李鼎：《李长卿集》卷一九，明万历四十年豫章李氏家刻本。

观念，是对理学家禁欲主义的批判与唾弃，反映了晚明市民阶层的觉醒，推动了商品经济生产，刺激了手工艺进步与特色产品的产生。"但另外一些学者明显地对"奢靡"风习持否定态度。他们认为这是一种病态的高消费，只能导致商品经济的虚假繁荣，无益于社会经济的健康发展。[1] 有论者说：

商业经营积累了巨额利润，但转入生产性领域的数额却很小，大部分都消耗于生活性或奢侈性的消费。这并非是商人的短视，而是没有形成稳定的投资渠道与激励性的制度环境。大量金钱游离于非生产领域，滋养了穷奢极欲的生活态度和社会氛围，甚至贫穷人家也追慕仿效，造成"若狂举国空豪奢，比岁仓箱多匮乏"的局面，给社会稳定造成很大挑战，所以张瀚叹息说："今之世风，上下俱损矣！"[2]

晚明的奢靡，主要表现在盛宴酒会、住宅园林、珠宝美器、纳妾宿妓、婚丧嫁娶、古玩字画、陈设家具上的过度耗费上。明式家具适逢其时，可谓是其间一道貌美味鲜的大菜。

从消费角度探讨明式家具的发生和发展，可以明确，黄花梨家具卓越的制作是基于当时的社会需求：明清工商业前所未有的发展，富贵阶层对高品质的园林屋宇和家具器用的追求和消费能力的急剧增长。

对于古代文物珍玩乃至传统工艺史，消费经济的研究方法是一个处女地。关注社会需求和消费风尚，应是生产之外，解码古典工艺品的另一重要途径。

1　钞晓鸿：《明代社会风习研究的开拓者傅衣凌先生——再论近二十年来关于明清"奢靡"风习的研究》，《第九届明史国际学术讨论会暨傅衣凌教授诞辰九十周年纪念论文集》，厦门大学出版社，2003年。
2　高寿仙：《变与乱：光怪陆离的晚明时代》，《博览群书》2012年第4期。

十五、矮马蹄足桌式

家具上的矮马蹄在业界被看做是年代早的符号，这有其道理，但又是一个很难完全说清楚的问题。哪些马蹄足是先天就矮，哪些是后天在使用中变矮的呢？

1. 黄花梨四面平条桌

黄花梨四面平条桌（图174）牙板出大牙嘴（图174-1），与四腿大圆角相交，四腿亦出大牙嘴，用料极大。大圆角常使用于较早的器物上，应是沿用漆柴木家具的旧式。腿足上大下小，顺势锼挖马蹄足。马蹄足（图174-2）扁矮，磨蚀严重，足尖外挑。面心为独板。

马蹄足的磨损，是一侧马蹄足磨损重于另一侧，尤其其中有一只腿足受损最重，这些都是年份较早的表现，符合古家具存放的规律。

那些年份早、原皮壳、未修复的家具多是一足或一侧腿足是矮的，因其长期置于潮湿的房角下。使用了200多年以上的古家具，足端不被磨损是极小概率的事，以致它几乎可以不计。

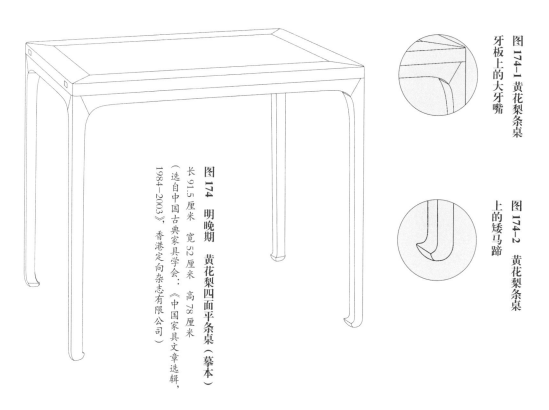

图 174-1 黄花梨条桌牙板上的大牙嘴

图 174-2 黄花梨条桌上的矮马蹄

图 174 明晚期 黄花梨四面平条桌（摹本）
长 91.5 厘米 宽 52 厘米 高 78 厘米
（选自中国古典家具学会：《中国家具文章选辑，1984-2003》，香港定向杂志有限公司）

图 175-1 黄花梨条桌牙板 上的牙嘴

2. 黄花梨霸王枨条桌

黄花梨霸王枨条桌（图 175）桌面镶瘿木板，边抹冰盘沿，桌下有四根穿带，牙板以较大的牙嘴（图175-1）与四腿交接，成大圆角形。腿料为长方形，与条桌之长方形相呼应。霸王枨曲线圆中带方，与牙板、腿交接之大圆角上下相映，其截面为方形。马蹄矮扁。

桌底存有苎麻、灰料和黑漆，为苏作特色。

图 175 明末－清初 黄花梨霸王枨条桌
长 117.7 厘米 宽 52 厘米 高 79.5 厘米
（中国嘉德国际拍卖有限公司，2012 年春季）

图176 明万历 榉木榻
（上海文管会：《上海市卢湾区明潘氏墓发掘简报》《考古》，1961年第8期）

传统家具足端的演变史大致为如许格局：唐代多见内弯腿，宋代流行"箭头式"如意纹足，明代尚存如意纹足，只是原来箭头式的尖角双翼形式趋于圆润。如果说如意足纹为宋式遗风，较为少见，那么，马蹄足便为明代的常规式样。明晚期马蹄的形态是怎样的呢？下面观察两例明万历的出土物。

上海市明万历朝潘允徵墓出土的榉木榻（图176）为软屉、冰盘沿、束腰、直腿，内翻马蹄足，马蹄足外端微微向内圆收。它虽为随葬明器，但为实物仿作。内翻马蹄足没有磨蚀，保留了原始信息，其高矮居中。这种马蹄足可作为理解明晚期家具马蹄足原貌的重要参照器，可视之为明晚期明式家具马蹄足的"亚标准器"。

苏州市明万历王锡爵墓出土的冥器朱黑漆拔步床（图177）后部实为一张架子床，其内翻马蹄足高矮居中，同样没有磨蚀，保留了较多的原始信息，也可视之为明晚期马蹄足的"亚标准器"。也就是说，明晚期苏作地区新制作的黄花梨家具马蹄足的高矮状态，大致如榉木榻和拔步床上的马蹄足，并非太矮。足端出马蹄，达到全器收底的有力稳定感，而且还可以与器物上部的沉重感达到平衡。马蹄足就是一个非常形式感的构件。如此，当时的足部也就没有必要做得特别扁矮，足形高矮应是适当、适量。

现在能够见到的实物，一般情况下，家具年份越古老的腿足磨损越严重，马蹄足也越扁矮。业内行家有一种说法，按一般规律，黄花梨家具足部的自然耗损是100年会磨掉1厘米。此说无论是一家之言，还是行业小范围的共识，都有可取处，但又颇可商榷：

1. 由于南北方干湿度不同，华北、华东、华南气候迥异，而且存放保养境况各有区别，家具或置之高阁，寒暑无侵；或流离贫寒户家，常年泥地相浸。其耗损程度大不一样。故此论不可拘泥墨守，但可以参考。

2. 特殊保管条件较好的不计，以潮湿多雨地区来看，砖地环境存放者，百年烂掉1厘米之说，大致可信。资此一说，面对遗存实物，大致可设想并还原马蹄足的初始状态。

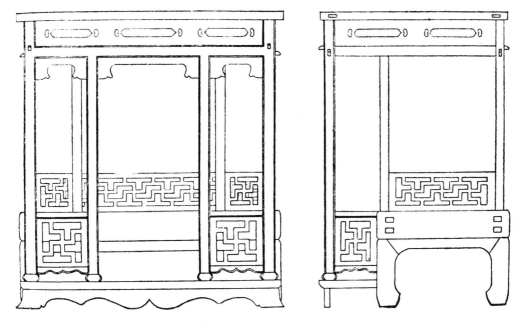

图 177　明万历　拔步床（正侧面图）及马蹄足

3.虽然不排除几百年中保存条件较好的器物马蹄磨损不严重,但这是极小的概率。行家们认为这种概论之小几乎可以不计。也就是说古家具足部都会受到岁月时光的磨损消耗。

几百年的历史烽烟中,社会急剧动荡,屡次大规模的阶层互换,人世变幻无常。风云激变中,神州大地没有一个角落可以长期摆得下一件安生的桌子、椅子。

理解明晚期的矮马蹄足形态应把握这样一个准则：今天所见年代偏早的苏作明式家具实物的"矮"马蹄,足扁矮,高度明显小于宽度,这应该是那件榉木榻马蹄足之状和拔步床马蹄足之貌,加上几百年磨损后的形态。

艾克《中国花梨家具图考》说："足部保存尖角云头,结果构成了中国家具匠师所称的'马蹄'。"[1]这虽然仅只言片语,足见这位艺术史家的对器形流变的敏感。

应该强调,笔者所说某种标志形态的硬木家具为明晚期家具,如矮马蹄足和后一章所谈到的无联帮棍椅子等,它们都是有前提条件的,一是柴木家具不在其列,因为硬木家具和柴木家具各属不同的子文化形态,在各自发展链中运行。二是所说器物的各部位是原形态的、简朴光素的,无任何雕刻,无变异形态。

1　［德］艾克：《中国花梨家具图考》页 16,地震出版社,1991 年。

如果同器之上存在年代明显偏晚的修饰、雕刻或形制异动，这件家具的年代应以各种偏晚期符号的年代为准。这是一个通理，判断任何器物和家具的年代都应以晚期符号为下限标准。以此准则观察桌类实物，那么明代遗物普遍存在的足端制式则是"矮"马蹄足。

"矮"马蹄足的实例可以黄花梨四面平条桌（见图174）、黄花梨霸王枨条桌（见图175）为代表，但这些都是几百年极端磨损后的典型式样，当时制作的足部式样肯定不会如此之矮。若某个光素条桌足部磨耗程度小，且全身较高，那么其年份应偏晚。

有行家认为早期苏作的桌案大致在82厘米以上，加上几百年的或大或小的磨损，一般遗物现在不会高于80厘米，如果一件桌子或案子，现在总身高尚在82厘米以上，那么，它不可能是早期之物。

带托泥的矮马蹄是另一种特例，清康熙紫檀浑天仪架托（见图166）马蹄亦不高。还可借用黄花梨托泥香几（图178）说明，其全身光素，矮马蹄，但壶门牙板两侧各出二个尖牙纹装饰，束腰较高，表明年代偏晚了。此器足部的扁矮状态是与托泥形态相互动的，因为有托泥，马蹄足不会太高。所以，在制作时，有托泥的马蹄足就比一般无托泥的马蹄足矮一点。但是，在清早期，即明式家具晚期，托泥上也还是存在高马蹄足的形态。

图178 明末清初－清早期 黄花梨托泥方形香几

长55厘米 宽45厘米 高78厘米

（中国嘉德国际拍卖有限公司，2011年秋季）

十六、高马蹄足桌式

明式家具在观赏面不断加大法则下，由光素发展为雕饰，这是一种主流趋势。但由于性价比合理，包括桌子在内的光素器物生命力较强，制作时间跨度极大，明清均有制作。那么，每个个例的年代如何确定呢？

原初的明式家具光素器为明晚期之物，但清代并非不制作光素制品，只是各时期之物有各时期的时代特征。明末清初有明末清初的痕迹，清早期有清早期的烙印。这种家具细部的"痕迹""烙印"，笔者称为"细节符号"。

在苏作中，有些光素马蹄腿条桌的基本形制（大符号系统）明清时期基本是一样的。只是早期家具的马蹄足经过岁月长久的磨耗，普遍扁矮。而晚期实物的马蹄足有所增高，予人以有力感，称为高马蹄。至清中期，桌几马蹄足更为增高。

考察马蹄足问题还应考虑到苏作、闽作桌类的异同。闽作桌子身高多超过84厘米，甚至在86厘米至90厘米之间，其足也高，磨损许多后，尚会留有一定的马蹄足。

1. 黄花梨变体四面平式条桌

黄花梨变体四面平式条桌（图179）桌子喷面稍大于四面牙板，属四面平变体做法。由于四足无帐子和牙头加固，容易造成腿部松动损伤。所以牙板和桌足用材粗硕，加大45°角圆角相接处的力度。此类条桌以简练取胜，是桌类中简极之作。

本例条桌足端耗损较重，马蹄原应偏高，制作年代偏晚，大致应为清早期。

这种光素式样，远上晚明，下延清中期。其时代定位主要方法是观察整体形制、马蹄磨损及推断其制作时的高度。本例马蹄足原本偏高。大器型家具因空间局限和挪动的不方便，存放时常常是长年放置一处而少动，它们的足部比可以灵活搬动的小型家具更容易在潮湿的土地和砖地上朽烂、磨损。同时，未经修复的家具，常置于墙角处一侧的腿足要矮于另一侧腿足。借此例可以说明简洁光素式样家具的流传和时代印记。

为了说明高马蹄年代偏晚，特选清中期的一例紫檀螭凤纹方桌（图180）加以分析。其桌面面沿、束腰、牙板、腿足、罗锅帐均打注，攒接的罗锅帐两端透雕螭凤纹，螭凤身上雕拐子纹，已现乾隆工艺形态，诸多元素可为其年代判断的佐证，马蹄足高拔，原因是其制作时就高，又因制作年代晚而又磨损较少。高马蹄足上还雕刻了草叶纹（图180-1），更是年代晚的标志。

以清中期乃至清晚期硬木家具的特点反观年代不明确的明式家具年代，往往不失为一种有效的方法，即与前者这类家具大风格或局部相近的黄花梨家具往往年代偏晚。通过清中期桌子的普遍为高马蹄这种状态，也可推断黄花梨桌子中那些偏高的马蹄足年代偏晚，大致为清早中期制作，或更晚。

图 179　清早期　黄花梨变体四面平式条桌

长 193 厘米　宽 55.5 厘米　高 84.4 厘米

(佳士得纽约拍卖有限公司，1997 年 9 月)

图 180　清中期　紫檀蟠凤纹方桌

长 96.5 厘米　宽 96.5 厘米　高 87 厘米

(故宫博物院藏)

图 180-1　紫檀方桌高马蹄足上的草叶纹

十七、内卷球足桌式

内卷球足器物较少，年代推断似有挑战性。但从实例看，均是晚期的形态。

1. 黄花梨内卷球足条桌

黄花梨内卷球足条桌（图181）全身光素，矮束腰，腿足上部用材粗大，与牙板格角相交。腿下部逐渐削细，最终镂出内卷圆球为足，足下垫以圆球。此等设计，加之侧脚明显，使重心上举，有飘然上趋的感觉。

明式家具案桌几四腿之间多以枨子、牙角等加强支撑，以防日久松动损伤。而此桌无枨无牙角，仅以壶门式宽大牙板支撑四足，以保证其支撑力度。同时整个牙板因壶门式曲线又避免了宽大呆板的视觉。

一些明代漆木桌，需平面上髹漆、雕填纹样，四腿须方正。而黄花梨桌子无图案之虞，故腿足方中带圆，做成上粗下细造型，圆润轻盈。

四腿没有枨子支撑，存在有力学上的缺陷。所以这类无枨结构的器物（非指此器）修理过是常态，改装也不可排除。

图181 清早中期 黄花梨内卷球足条桌
长 91 厘米 宽 42 厘米 高 84 厘米
（原美国加州中国古典家具博物馆藏）

2. 黄花梨内卷球足条桌

黄花梨内卷球足条桌（图182）面心嵌瘿子木，边抹下无牙板，四腿与边抹齐平相接，腿上部宽，向下逐步变细，在足端内翻圆球（图182-1），下承托泥。霸王枨为三弯形，但形态趋向方折。无牙板、方拐霸王枨和球足诸特点表明其年代偏晚。

图182-1 黄花梨条桌足端上的圆球

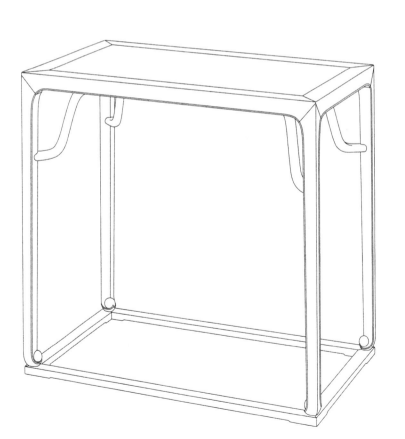

图182 清早中期 黄花梨内卷球足条桌（摹本）

长90厘米 宽48.2厘米 高79.8厘米

（选自德国科隆东亚艺术博物馆：《极简之风——霍艾藏中国古典家具集藏》）

图 183-1 黄花梨条桌
腿中部的三个尖牙纹

图 183-2 黄花梨条桌
足部上的挖缺作

十八、如意云纹足桌式

明式家具对宋元以来的如意云纹足虽有吸收沿袭，但因为这类原属漆木家具的传统式样，对于黄花梨等贵重材料来讲，制作颇为耗费。加之无枨之式极易损坏，所以黄花梨家具制作此种款式极为少见。

1. 黄花梨如意云纹足条桌

黄花梨如意云纹足条桌（图183）冰盘沿，高束腰，壶门牙板出尖牙纹，牙板与腿足相交，足端为如意云纹式，足尖上翘，为宋式典型如意足的变体。腿中部有三个牙纹（图183-1），非大料不可为。其曲线流畅而变化，姿态非常器可比。牙纹里侧与如意足内侧均为挖缺作（图183-2）。其束腰过高，牙板犹如横枨，有利于对四腿的支撑，其年代偏晚。

图 183 清早期 黄花梨如意云纹足条桌
长 98 厘米 宽 48 厘米 高 88 厘米
（中国嘉德国际拍卖有限公司，2010 年秋季）

两宋以来，如意云纹足这一匠作范式一直被漆楋木器沿用。宋元绘画上的家具图像呈现了如意云纹足的历史形态，可资理解如意云足的传承。如在宋《胆瓶秋卉图》中，"箭头式"如意云纹足瓶架（图184）、宋《妆靓仕女图》中的如意足桌和如意足长凳（图185）、宋《小庭婴戏图》中的如意云纹足方凳（图186）、元张雨《画倪瓒像》中如意足方桌（图187）、明仇英《人物故事册》中的如意云纹条桌（图188）上都可见到如意足。

为数颇多的宋元画作上，家具呈现出上翘的足尖，曲折、优雅而高拔的形态，器物为之轻盈上举，有舞人立足之美。那是遥远而浪漫的美妙记忆。在明式家具中，这种式样已是少之又少了。

图184 宋 《胆瓶秋卉图》中的如意云纹足瓶架
（故宫博物院藏）

图185 宋 《妆靓仕女图》中的如意足桌、如意足凳
（美国波士顿艺术博物馆藏）

图 186 宋 《小庭婴戏图》中的如意云纹足方凳
（台北故宫博物院藏）

图 187 元 张雨 《画倪瓒像》中的如意足方桌
（台北故宫博物院藏）

图188　明仇英　《人物故事册》如意云纹条桌
（故宫博物院藏）

图 189-1　黄花梨半圆桌
牙板上的螭尾纹

十九、月牙形半圆桌式

月牙形半圆桌形如半月，故称月牙形半圆桌，此类桌子在明崇祯《清夜钟》《西湖二集》的版画插图中可见。但黄花梨实物年代都较晚，应不会早过清初，而且存世量也较少。其身材高大者，为闽作。

1. 黄花梨月牙形半圆桌

黄花梨月牙形半圆桌（图 189）桌面半圆，冰盘沿，矮束腰，壶门牙板与三弯腿大圆角相交。牙板中心雕简短的螭尾纹（图189-1），形态收敛。三弯腿上部两侧锼出双重牙状轮廓，其正面浮雕变体螭尾纹，足端增宽，面上雕卷云纹，下承托泥。

图 189　清早期　黄花梨月牙形半圆桌
长 97.2 厘米　宽 48.2 厘米　高 93.4 厘米
（苏富比纽约拍卖有限公司，1991 年 5 月）

2. 黄花梨月牙形半圆桌

黄花梨月牙形半圆桌（图190）腿足外撇，桌面半圆，桌面面沿劈料做法。下垛边一条，面沿亦为劈料做法，其形如四条劈料。下有变体矮老，矮老两旁为扁圆卡子花，其下有垛边式横枨。横枨下有圆材攒接委角形券口（图190-1），四腿上部平肩榫与垛边相交。腿下部有垛边圆裹圆横枨，枨下有罗锅枨相抵。方折的罗锅枨表明年代之晚，也有助理解攒委角形券口的年代。

此桌工手繁复，极为考究。尽管光素，但构件的装饰性明显超越一般的清早期器物，年代晚于清早期。

图190-1　黄花梨圆裹圆横枨下的委角形券口

图 **190**　清早中期　黄花梨月牙形半圆桌

长 109.2 厘米　宽 54.6 厘米　高 82.6 厘米

（佳士得纽约拍卖有限公司，1996 年 9 月）

二十、直牙板直牙头罗锅枨桌式

1. 黄花梨直牙板直牙头罗锅枨方桌

黄花梨直牙板直牙头方桌（图 191）圆腿上端连以直牙板直牙头，其下为罗锅枨，不同于一般有束腰牙板和无束腰方桌。

此式独特，一般此类圆腿直牙板直牙头桌子常用霸王枨支撑。

图 191　清早期　黄花梨直牙板直牙头方桌

长 94 厘米　宽 92.5 厘米　高 86.5 厘米

（中贸圣佳国际拍卖有限公司，2018 年春季）

二十一、变异性桌式

在明式家具末期，桌类造型中出现了一些不同常规的新式样，主要是局部构件上的变化和新纹饰的出现，也有个别整体造型的新设计，仅述一例如下：

1. 黄花梨卷云纹方桌

黄花梨卷云纹方桌（图192）特征明显：宽牙板，粗腿，硕足之上浮雕肥厚而大的卷云纹，团团簇簇，视觉冲击力强烈，独特而充满豪奢之态。这种卷云纹其实是卷珠纹多重卷动后的形态。

桌面工艺和结构上使用"隐边"手法，即边抹之攒边打槽的"上边抹面"明显窄于"下边抹面"，也称为"外窄内宽"。本桌"隐边"的"上边抹面"极小，基本压在拦水线下。隐边做法出现较早，但此桌之拦水线压隐边的式样有标新立异之感。

硬木家具由光素无饰，发展为日趋雕饰，直至重工满雕、绮丽纷华。其形态上夸多争强的这一发展特征，除工艺发展和艺术规律制约之外，夸示豪奢的社会风尚也是重要推手，它促进了明式家具观赏面的不断加大。

图 192　清中期　黄花梨卷云纹方桌

长 89 厘米　宽 89 厘米　高 82.6 厘米

（苏富比纽约拍卖有限公司，2009 年 9 月）

二十二、炕桌（几）式

炕桌按摆放使用功能分为两类：一类是放在炕、床中央，供主人倚靠、吃饭、读写之用，或放置随手使用物品，也可隔桌会友交谈、弈棋。这种桌子有时也放置屋中地面或庭园之中，故有"地桌"之名。有的还做成折叠式，可携带外出。另一类是放在炕之两头，专供放置器用，形制长，且高而窄，炕几和炕案属此类。

炕桌是明式家具中的大项，多姿多彩。主要分为三弯腿型、直腿型、板腿型。其中尤其以三弯腿实物为多，其式样亦有区别，主要是三弯腿内卷云纹足型、螭龙头爪（狮头虎爪）纹型、外卷球足型。现在存世的炕桌实例多数为清早期制作，以下分别表述。

（一）三弯腿卷云纹足型

三弯腿卷云纹足式炕桌是明式家具炕桌中的大宗，苏作、闽作中均有存在，以三弯腿足部阴刻云纹为特征。

1. 黄花梨卷云纹足炕桌

黄花梨卷云纹足炕桌（图193）周身光素，牙板上锼出壸门式曲线，牙板两旁下边缘锼出三个牙纹，加强牙板曲线的变化。腿作三弯状，以破直线感。足部浅雕卷云纹亦是曲线思维的表现。

尽管此炕桌没有雕刻图案，貌似年代偏早，但是其牙板两端边缘上的三个牙纹为偏晚的装饰形式。它式样传统，没有图案，但有晚出的细节符号。

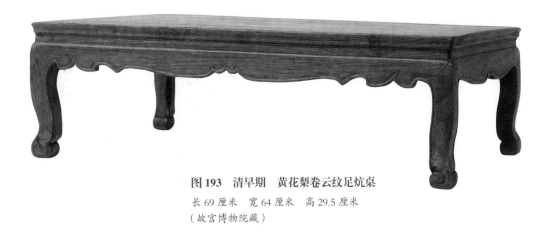

图193　清早期　黄花梨卷云纹足炕桌

长69厘米　宽64厘米　高29.5厘米

（故宫博物院藏）

2. 黄花梨螭尾纹炕桌

黄花梨螭尾纹炕桌（图194）的牙板上，干脆省略去螭龙纹，只保留并增大了卷草形的螭尾纹（图194-1）代表螭龙纹。螭龙隐去，卷草繁茂。纹饰虽简化，但原意仍存在，一对螭尾纹仍隐喻子母螭龙纹的含义。仅仅使用优美的卷草形螭尾纹代表螭龙纹，这是螭龙纹简化机制在清早中期的产物，使用极为广泛，并衍生各种形式的纹样，如草芽纹、拐子纹等。

在香几等牙板较短的器物上，单独雕螭尾纹者比较多见。由于炕桌的牙板较长，空间较大，本可以雕螭龙纹和螭尾纹组合，但实物中单独雕螭尾纹的做法的确不少。

牙板上，卷草形螭尾纹曲线饱满流畅，婉转迂回，形成了自身独有的美感，它在器物视觉中心上取代了写实的螭龙纹。

图194-1　黄花梨炕桌牙板上的螭尾纹

图194　清早中期　黄花梨螭尾纹炕桌

长86.5厘米　宽86.2厘米　高30.3厘米

（选自毛岱康：《中国古典家具与生活环境——罗启妍
　　收藏精选》）

图 195-1 黄花梨炕桌牙板上的卷珠纹

图 195-2 黄花梨炕桌腿肩上的卷珠纹

3. 黄花梨卷珠纹炕桌

黄花梨卷珠纹炕桌（图195）在螭尾纹演变的路上走得更远，其牙板中间置分心花，就势雕出卷珠纹（图195-1），形态接近卷云纹和灵芝纹。这卷珠纹实际上是螭尾纹的异变形式，其终端的卷珠说明其年代偏晚。腿肩的卷珠纹（图195-2）更是年份的证明。卷珠纹、灵芝纹、卷云纹形式似乎可以互相借鉴。

在大多数器物的图案越来越繁复的同时，还有个别器物，如本炕桌中纹饰在发展中却越来越简化。但再简化，其与纹饰母型的渊源脉络仍可观察推断出。

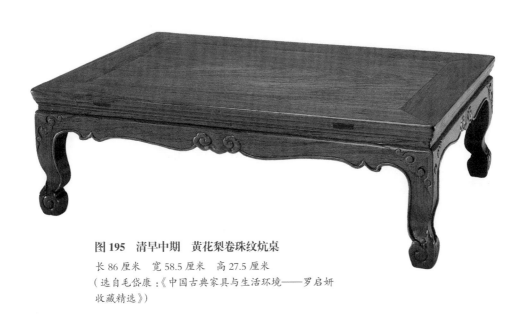

图 195 清早中期 黄花梨卷珠纹炕桌

长 86 厘米 宽 58.5 厘米 高 27.5 厘米
（选自毛岱康：《中国古典家具与生活环境——罗启妍收藏精选》）

（二）三弯腿外卷球足型

外卷球足是三弯腿卷云纹足的发展，但已成一型，故独列一格。

1. 黄花梨嵌百宝炕桌

黄花梨嵌百宝炕桌（图196）高束腰、牙板、腿足上均嵌百宝，牙板中间镂出夸张的分心花（图196-1），形成新奇的牙板曲线，其两端嵌螺钿螭龙纹。四腿三弯，足端雕卷云纹（图196-2），形如球状，这对于理解球形足形成颇有助益。实际上，它是将卷云纹立体化，形近圆球。其进一步发展后，足端成为圆球。

历史遗物中隐藏着草灰蛇线，细审之，它会告诉人们器型上的每一种元素是从哪里而来，又向何处而去。

图 196-1 黄花梨炕桌牙板上的分心花

图 196-2 黄花梨炕桌足端上的卷云纹

图196　清早中期　黄花梨嵌百宝炕桌

长 94 厘米　高 62.5 厘米　高 28.5 厘米

（香港两依藏博物馆藏）

图 197-1 黄花梨炕桌的球形足

2. 黄花梨外卷球足炕桌

黄花梨外卷球足炕桌（图 197）形态似乎突变，一是四腿为折叠式，二是足成为真正的球形（图 197-1）。值得注意的是，此球足由卷云纹足而来，经一路的演变，最后发展出纯粹的球足。再后来，球足上出现搭草叶纹。

在炕桌等器物中，还有一种行家称为"调羹足"的足形（因存世较少，本书未将其列入分型之内，仅此提及）。原来笔者认为，三弯腿外卷球足是调羹足的进化体，但由以上两例卷云纹足状的实例看，球足来自卷云纹足。

牙板上雕双螭龙纹，其间为螭尾纹（图 197-2），牙板两端为变体的螭尾纹，三处螭龙之尾形态一样。

图 197-2　黄花梨炕桌牙板上的螭龙纹

图 197　清早期　黄花梨外卷球足炕桌（摹本）

长 71 厘米　宽 50 厘米　高 30 厘米

（台湾私人藏）

3. 黄花梨翼龙纹炕桌

黄花梨翼龙纹炕桌（图198）牙板上雕少见的翼龙纹，为折叠式。值得关注的是折叠式炕桌一般用于外出旅行，应以简素为常理，但本炕桌雕以复杂的有翼云龙纹，或称为云龙式翼龙纹。旅行中喜爱使用奢丽华美之物的心理更促进了这类考究的制作。

大多数炕桌牙板上程式化纹饰图案是螭龙纹，这里则换之以云龙式翼龙纹。其追求华丽出新、夸示他人的制作心态，无疑是清早中期越来越强烈的市场竞争下的产物。此时期的器物雕饰极为繁复，广收博纳社会上的纹样，这是一个年代特征。

此炕桌年代相对偏晚，根据除卷球搭叶纹足外，还有两点：炕桌牙板上中心为缠枝莲，一般常规中，原先此处应该雕以螭尾纹。牙板两端饰以球形纹也是少见的新异形式。

此桌面底披麻挂灰，产地为太湖流域。这也为同类的球体搭草叶足的炕桌产地做出了注脚。

折叠式炕桌的折叠方法和工艺设计多种多样，但基本原理相同，是以活动构件支撑脚足间帐子以调节四足的收放，以插销固定。

图198 清早中期 黄花梨翼龙纹炕桌
长 76 厘米 宽 51.5 厘米 高 27 厘米
（香港两依藏博物馆藏）

图 199-1　黄花梨炕桌上的卷球足

4. 黄花梨卷球足炕桌

黄花梨卷球足炕桌（图 199）足上突出球体（图 199-1），圆球形态更为突显，表明年代更晚。牙板上写意的草芽纹（图 199-2）也是晚出的纹饰，与球足年代吻合。这种草芽纹为螭尾纹的多次简化后的形态。

形式有所变化，但其苍龙教子的寓意依然保留，这是明式家具纹饰简化调整机制之功。

牙板两端下缘各有三个牙纹装饰，也是一种年代的标志。从整个器物形态上看，此炕桌已经属于"后明式家具"时代的器物。

图 199-2　黄花梨炕桌牙板上的草芽纹

图 199　清中期　黄花梨卷球足炕桌
长 94 厘米　宽 61 厘米　高 30 厘米
（中国国家博物馆『大美木艺——中国明清家具珍品』）

（三）三弯腿螭龙头爪（"狮头虎爪"）型

螭龙头爪纹，长期以来被称为"狮头虎爪纹""兽头吞足纹"。这实为误读，应称之为螭龙头爪纹。

1. 黄花梨螭龙头爪纹炕桌

黄花梨螭龙头爪纹炕桌（图200）腿肩雕兽面纹，足雕兽爪。它实为立体的螭龙头爪纹（图200-1）。牙板中心有分心花，其上螭尾纹左右勾缠，形态规整。两边为螭龙纹（图200-2），与螭龙头爪纹相呼应。牙板左右两端下缘出三个牙纹。

图200-1 黄花梨炕桌上的螭龙头爪纹

图200-2 黄花梨炕桌牙板上的螭龙纹

图200 清早中期 黄花梨螭龙头爪纹炕桌

长90.4厘米 宽72厘米 高31厘米
（选自中国国家博物馆：《简约·华美——明清家具精粹》，中国社会科学出版社）

一直以来，家具纹饰中有"狮头虎脚纹""兽头吞足纹"之说，指的是在某些炕桌和架子床腿足上的兽面和兽爪形象纹饰（个例条桌和椅子上也偶见此纹饰）。实际上，这是明式家具末期出现的螭龙头和螭龙爪纹，是前所未见的圆雕式螭龙纹。在螭龙纹庞大体系中，这是新创的图案和制作，其名应为螭龙头爪纹。

单看一头一爪似乎难断其为何纹，但从三点根据可以判断其为螭龙头与螭龙爪。

1.这种螭龙头爪纹总是出现在全雕刻式的黄花梨炕桌和黄花梨架子床之上。它所在炕桌的牙板上无不雕螭龙纹。而架子床之牙板、围子、挂檐上均雕螭龙纹或螭龙式寿、福、禄纹。它们的腿足部雕出立体的螭头螭爪与牙板、围子等构件上浮雕的螭龙纹上下呼应。它与明式家具螭龙纹体系是吻合的。

2.其面目凶悍威猛，与子母螭龙纹中的苍龙形象表达是一致的，甚至是夸大的。

3.在其他类别家具上，也存在相类的螭龙头吞联帮棍、螭龙头吞罗锅枨的式样，它们形象更明确。如黄花梨四出头官帽椅上的螭龙头吞联帮棍纹（图201）、黄花梨方凳上的螭龙头吞罗锅枨纹（图202）。本类炕桌也是螭龙头吞腿足式样，不过更立体而已。

若以狮头虎爪视之，其纹大规模而来，来得突兀，无缘无故，解释不通。明式家具上所有的主流纹饰，在意义上均有可具体解读的含义，不存在无来由的重要图案。它多出现在炕桌上和架子床上，罕见于他器，这应是某类匠作的一个习惯做法，亦表明其年代的晚近。

螭龙头爪纹是明式家具末期出现的一种新纹饰。此后，这种纹饰延续到清中期、清晚期的紫檀、红木家具上。为与历史称谓相衔接，也可以称这种螭龙纹为狮头虎爪式螭龙纹。

螭龙头爪纹炕桌出现时间偏晚，为清早中期。其器物上的其他地方也常有晚出的变化形态，表现为牙板上螭龙纹图案拐子纹化、束腰增高、束腰下出现托腮等。

螭龙头爪纹在造型上有极高的艺术成就，它通过怒目、大嘴、利齿表现出动物的凶猛之态。它舍弃了螭龙纹原型中的其它具体部位，强调眼睛和大嘴，使形象更加鲜明生动，令人产生更多的联想。还有它仅以螭龙的头和爪表达苍龙教子之意，不再直接表现大小螭龙的复杂关系，不再表现过程。这种雕刻符号更加凝练、生动和概括，具有极高的审美价值。

图201 清早中期 黄花梨四出头官帽椅上的螭龙头吞联帮棍纹

图202 清早中期 黄花梨方凳罗锅枨上的螭龙头吞罗锅枨纹

2.黄花梨螭龙头爪纹炕桌

黄花梨螭龙头爪纹炕桌（图203）腿部雕螭龙头爪纹（图203-1）。牙板左右的螭龙纹（图203-2）尾部上出现拐子纹，而牙板中心的螭尾纹也演变为相近的拐子纹。

明式家具中，一些器物牙板上，螭龙尾部呈卷草状时，则中心的纹饰为卷草形。当螭龙尾部出现拐子状纹饰时，牙板中心的纹饰亦成为拐子状。此卷草则彼卷草，此拐子纹则彼拐子纹。这种大致的同步，再次表明螭尾纹与螭龙纹的关系，即牙板中心的卷草纹或拐子纹就是螭龙之尾，喻指小螭龙纹。

图 203-1 黄花梨炕桌腿上的螭龙头爪纹

图 203-2 黄花梨炕桌牙板上的螭龙纹

图 203 清早中期 黄花梨螭龙头爪纹炕桌

长 79.5 厘米 宽 78.5 厘米 高 28 厘米

（香港两依藏博物馆藏）

图 204-2 紫檀炕桌腿足上的螭龙头爪纹

3. 紫檀螭龙头爪纹炕桌

紫檀螭龙头爪纹炕桌（图 204）重要的特点是束腰大大地加高，其上雕螭龙纹串联缠枝莲，间有寿字纹。两端榫头露明，出现托腮相衬。

牙板加宽，中心寿字纹已演变为"美术体"，寿字下为收敛的卷草形螭尾纹。牙板左右分别雕螭龙纹（图 204-1），螭龙身躯由多个草叶纹仰覆组合而成，为多个草叶组合式，绵延成带，繁华如锦。

三弯腿上部为立体螭龙头，脚足为螭龙爪（图 204-2），此桌构件形态多呈变异，雕刻风格接近"乾隆工"，为明式家具炕桌中最富丽妖娆的一款。

图 204-1　紫檀炕桌牙板上的螭龙纹

图 204　清早中期　紫檀螭龙头爪纹炕桌

长 101 厘米　宽 65.5 厘米　高 27.5 厘米

（香港两依藏博物馆藏）

4.紫檀螭龙头爪纹炕桌

紫檀螭龙头爪纹炕桌（图205）桌面上有拦水线，矮束腰与牙板一木连做。为配合方正的纹饰，牙板为直牙板，而非常见之壶门牙板。牙板上的螭龙纹（图205-1）有新的变化，牙板上中心处为变异的如意螭尾纹，左右各有三个螭纹形象，依次为尖嘴大螭凤纹、上唇上翻大螭龙纹、回首小螭龙纹。三者连绵成带，为变异的子母螭龙、螭凤组合纹饰。这成为螭龙头爪纹炕桌中的独具风格的一款，除地域特色之外，它也表明年代的偏晚偏近。其腿肩上的螭龙头（图205-2）双目怒视，大口怒张，极为形象地表现出教子务严之寓意。

图 205-2 紫檀炕桌
腿肩上的螭龙头

图 205-1 紫檀炕桌牙板上的螭龙纹

图 205 清中期 紫檀螭龙头爪纹炕桌

长 98 厘米 宽 66 厘米 高 29 厘米

（中贸圣佳国际拍卖有限公司，2016 年秋季）

（四）直腿型

1. 黄花梨直腿炕桌

黄花梨直腿炕桌（图206）桌面冰盘沿，四角外包美妙的云头纹铜角，矮束腰与牙板一木连做，牙板与四腿圆角相交接，直腿内直外曲，形态少见，高马蹄足。

图206　清早期　黄花梨直腿炕桌

长97.2厘米　宽62.4厘米　高29厘米

（埃斯肯纳茨旧藏）

2. 黄花梨直腿炕桌

黄花梨直腿炕桌（图207）桌面冰盘沿，矮束腰与牙板一木连做，牙板与四腿圆角相交，边缘起线，马蹄足高度适中。两腿间置罗锅枨，上抵牙板，束腰与牙板上开有一对抽屉。后两点颇为独特，在炕桌中别具一格。

图207　清中期　黄花梨直腿炕桌

长90.5厘米　宽54厘米　高28.5厘米

（广东留余斋藏）

（五）板腿几型

独板面和独板腿之器多用于炕之两头，放置器物。有时也放在炕中部，供人盘腿使用。

1. 黄花梨板腿炕几

黄花梨板腿炕几（图208）由三块整板构成，面板与腿足板格角相接。两板腿侧面上透雕螭龙体团寿纹（图208-1），足端为内翻卷书式。比较下一例板腿炕几，此桌卷书式足极小，与板腿一木连做（图208-2）。这种三块板和内卷式足，是板腿式炕几类的基本造型。

此炕几的长度、高度超过一般炕桌，几面下可盘腿而座。故有人称之为琴几。其板腿上接近"美术体"的寿字中尚存螭龙头，为螭龙体寿字向美术体寿字过渡的形态，可以说是螭龙纹，又可以说是团寿螭龙纹。此纹饰中寿字的语境十分明确为苍龙教子。

在明式家具实物中，板腿桌几多见于清早期以后至清中期，其上带有明显装饰，惯例是在板腿上开光，其间雕饰图案。由此推断，板腿是在追求观赏面加大的心态下复活或新出现的构件。

图208-1 黄花梨炕几上的螭龙团寿纹

图208-2 黄花梨炕几一木连做的板足

图208 清早期 黄花梨板腿炕几

长156厘米 宽33厘米 高41厘米

（香港两依藏博物馆藏）

图 209-1 黄花梨炕几
足上的螭凤纹

2. 黄花梨板腿炕几

黄花梨板腿炕几（图209）由三块独板格角相交成器，大形态与上例无大异，但细节小符号上多有新变，几面与板腿内缘垛边，其面沿起双阳线并饰回纹。格角处饰角牙，上雕螭龙纹。足内卷，雕螭凤纹（图209-1），颇含寓意。

内卷足为两木连接而成，是上例一木连做的变化式。板腿上有内外两层方开光，中间委角方开光内雕云头纹，中为万字纹。其外一周以卡子花环饰。纹饰表明其年代偏晚。

选取此几，旨在说明板腿器制的沿袭与流变。

图 209　清早中期 – 清中期　黄花梨板腿炕几
长 85.6 厘米　宽 32.8 厘米　高 35 厘米
（香港两依藏博物馆藏）

第四章 香几类

香几主要有圆形的，以三弯腿为多见。还有方形的，可细分为直腿形和三弯腿形。

一、圆香几式

圆香几有三弯腿和鼓腿式，以三弯腿为多，鼓腿式极少，且年份较晚。下列数例圆香几可以大致代表三弯腿圆香几的不同形态。

1. 黄花梨四足圆香几

黄花梨四足圆香几（图210）几面以楔钉榫攒边打槽装板，板底有穿带托承。牙板外膨为壶门式轮廓，与三弯腿交圈，足端正面阴线刻卷珠纹。足下环形托泥为楔钉榫攒接，其下为龟足。全器基本上属光素形态。但较高的束腰上浮雕的鱼门洞阳线与足端上的卷云纹，表明其年代已脱离纯粹的光素时期。

传统漆柴木家具的托泥诚然利于器物的坚固，但不利于主人腿脚的出入屈伸和桌下的打扫清理。硬木家具出现后，由于材质性能远胜过漆木、柴木，桌子逐渐放弃了长久以来的托泥范式。腿下有枨或无枨的桌子为数众多，而带托泥的桌子则寥若晨星。

香几类器物由于不涉妨碍腿脚屈伸的问题，又常在室中央、院子中央摆放，形体细高，更注重稳定，所以香几上大多保留了托泥。足下装托泥，有力于强化四腿的牢固有力，也有助整个器物重心下移，使用起来稳定。在视觉上，它使上下平衡。

图210　明末清初　黄花梨四足圆香几

长55厘米　宽55厘米　高88厘米

（见中国国家博物馆『大美木艺——中国明清家具珍品』）

方家有所共识，在明式家具中，三弯腿香几的美超越各类器物，可谓出类拔萃。这是为何？可以分别从桌子和香几的构造形态进行对比观察，人们使用桌子时，身体会长时间接触桌面，所以一般桌子腿部，不会宽出桌面，也很少是三弯腿，以方便肢体活动。

香几为陈设器物，不受主人身体尺度的限制，在不超越视觉尺度的情况下，式样可以无限度地做出夸大、对比和变化，可圆可方。如此，香几的三弯腿做法明显优美于桌子。香几肩部也常常大大宽于几面，形成婉转的视觉变化。由于不用过多承重，香几设计大多极尽玲珑，曲线妖娆，袅袅婷婷，强烈地呈现出明式家具中妍美委婉的风格。尽管光素，但其婀娜柔美之态都远胜其他家具。

香几器美之因，除了不受身体空间制约的物理原因外，还源其在生活中有特殊的作用和意义。明代刻本资料和文献呈现了多种场景，透露了多方面信息。在明万历、崇祯刻本插图上的香几，用途分别是：

图 211　明万历 《忠义水浒传》版画插图中的香几
（选自郑振铎：《中国版画选》，荣宝斋出版社）

图 212　明崇祯 《金瓶梅词话》版画插图中的香几
（转自兰陵笑笑生：《金瓶梅词话》，里仁书局）

图 213 明万历 《新刻全像音注征播传通俗
演义》版画插图中的香几
（转自文震亨著，海军、田君注释：《长物志图说》，
山东画报出版社）

图 214 明万历 玩虎轩刻本《琵琶记》版画插图
中的香几
（转自庄贵仑：《庄氏家族捐赠上海博物馆明清家具集
萃》，两木出版社）

　　1.用于日常陈设厅堂之上。如明万历《忠义水浒传》版画插图中的香几（图 211）、明
崇祯《金瓶梅词话》版画插图中的香几（图 212）。它们高大华美，香几上陈放香炉、香瓶、
香盒，为焚香之用。

　　2.用于新婚之时。男女双方在香几上明烛燃香，向天地神祇和祖宗牌位祷告祈愿，"拜
天地"即应由此而来。如明万历《新刻全像音注征播传通俗演义》"鸾凤佳配"版画插图
中的香几（图 213）、明万历玩虎轩刻本《琵琶记》版画插图中的香几（图 214）。

　　3.用于女子焚香祈愿。古代风俗中，女子经常户外拜月、托月，祈求保佑，以香几置香具。
如美国加州大学伯克利分校原东亚图书馆藏明仇英绘《西厢记》插图中的香几（图 215）、
明万历《玉露音》插图中的香几（图 216）、明万历《新刻出像音注范睢绨袍记》"窥妻祝香"
版画插图中的香几（图 217）、明万历《新镌古今大雅南北宫词记》版画插图中的香几（图
218）、明万历《幽怨记》插图中的香几（图 219）。

图 215　明仇英　《西厢记》插图中的香几

（转自莎拉·韩蕙：《中国建筑中的中国家具》）

图 216 明万历 《玉露音》插图中的香几

（转自《明代版画丛刊》，台北故宫博物院）

图 217 明万历 《新刻出像音注范睢绨袍记》插图中的香几

（转自文震亨著，海军、田君注释：《长物志图说》，山东画报出版社）

图 218 明万历 《新镌古今大雅南北宫词记》插图中的香几

（转自文震亨著，海军、田君注释：《长物志图说》，山东画报出版社）

图 219 明万历 《幽怨记》插图中的香几

（转自《明代版画丛刊》，台北故宫博物院）

4.用于一些重要的祭拜仪式上。如明万历《水浒传》"太湖小结义"插图中的香几（图220）、清康熙《残唐五代传》"唐明宗焚香祝圣"插图中的香几（图221）。

5.用于户内户外摆放花盆、花瓶等。

这些活动带有更多精神意义，仪式感强烈，对于香几的造型也格外注重，这更加有助于香几形式美的陶铸。

图220 明万历 《水浒传》"太湖小结义"插图中的香几

图221 清康熙 《残唐五代传》"唐明宗焚香祝圣"插图中的香几

2. 黄花梨三足圆香几

黄花梨三足圆香几（图222、图222-1），三弯腿为方料，足亦为方足。足面雕如意云纹。从原图立面图看，几面和托泥宽度上下基本一致，有0.5厘米之差，腿肩最宽处大于托泥。

几面冰盘沿，其下束腰略嫌偏矮，牙板为壶门式，与三弯腿交接，曲线优美，腿形上大下小，而至足部突然增大，以求稳定视觉。托泥为弯材联接而成，成环状，面沿混面圆凸，龟足面则内凹，成一阳一阴之变。这种一凸一凹（一混一枭）是一种经典的龟足范式。

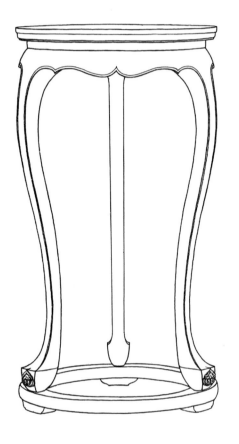

图222　清早期　黄花梨三足圆香几（摹本）

面径 47.5 厘米　底径 47 厘米　高 87 厘米

（选自艾克：《中国花梨家具图考》）

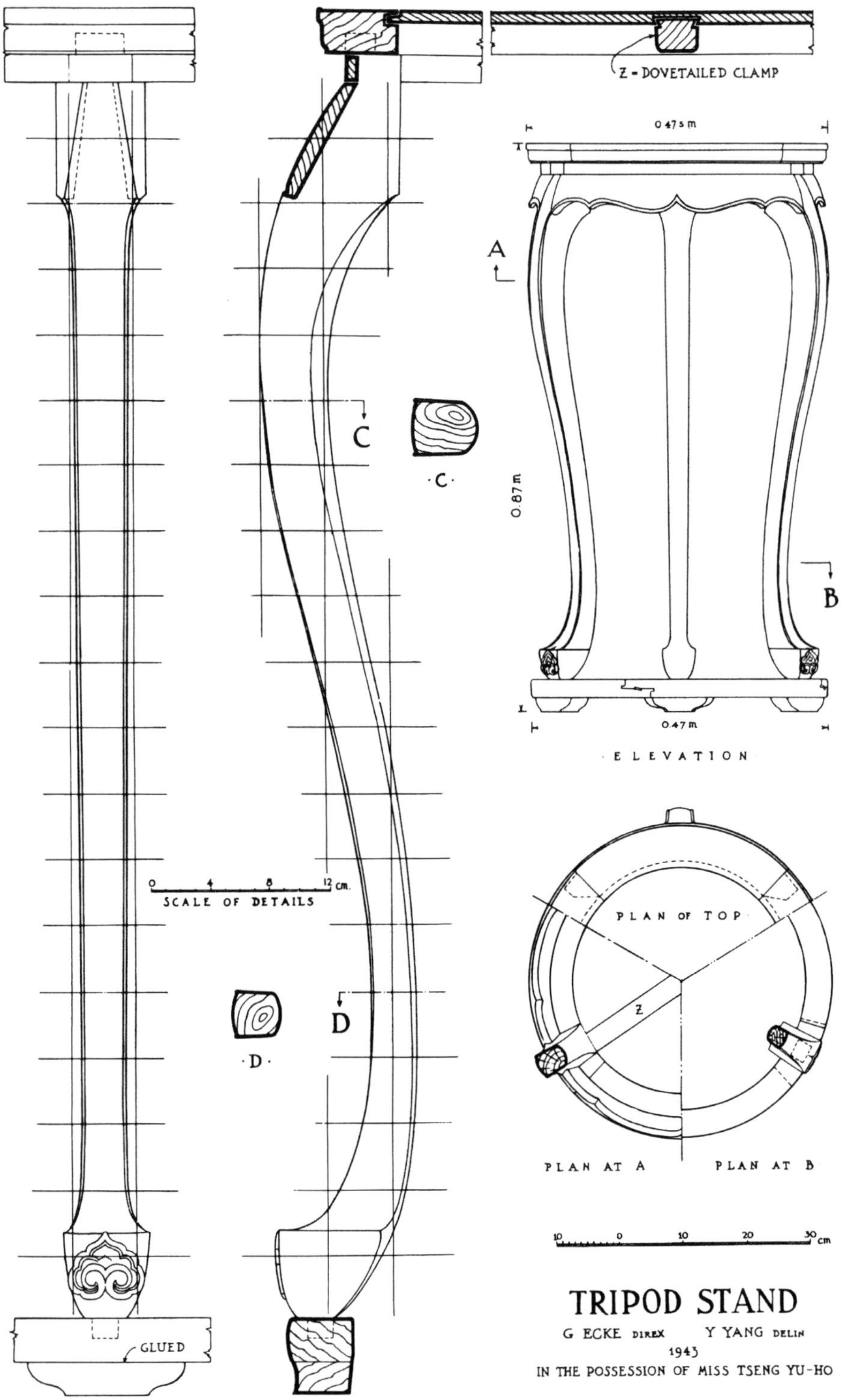

图 222-1　黄花梨圆香几（正剖立面图）

Z = DOVETAILED CLAMP

A

B

C

· C ·

D

· D ·

0.475 m

0.87 m

0.47 m

· E L E V A T I O N ·

0   4   8   12 cm.
SCALE OF DETAILS

GLUED

PLAN OF TOP

Z

PLAN AT A   PLAN AT B

10   0   10   20   30 cm

TRIPOD STAND

G ECKE DIREX   Y YANG DELIN
1943
IN THE POSSESSION OF MISS TSENG YU-HO

3. 黄花梨四足圆香几

黄花梨四足圆香几（图223）形态较一般圆香几更优雅平稳，雍容高贵。整体形态上，几面直径小，腿肩直径渐大，足间直径最大，上小下大，稳定感强。四足下部略作收敛后而又大幅度外弯，曲线婀娜。

腿演变为上下两截形态，上截正面浮卷珠纹，下截正面出剑脊线至足底。一上一下曲线多方面变幻，充满设计的才华。足端外翻加大，顺势雕出卷珠纹（图223-1）。四个牙板外膨，下缘曲线变化多端，各自中央雕卷珠如意纹，与足端纹饰呼应。四腿插肩榫与牙板相交处上方亦浮雕卷珠纹。足下有圆环形托泥及龟足。

图 223-1　黄花梨香几
足端上的卷珠纹

图 223　清早中期　黄花梨四足圆香几
面径 56 厘米　高 93 厘米
（选自中国古典家具博物馆：《中国古典家具学会会刊》，1990 年 1 月）

故宫博物院藏黑漆四足圆香几（图 224）海棠式几面，高束腰露明，下有托腮。外膨的牙板、委婉修长的三弯腿、精巧的象鼻式脚足，它们之间构成优美的壶门曲线。足端为内卷扁球状。足下为须弥式几座，沉稳而优雅。漆木香几大多有宽厚的几座，因其放在房屋地面中心陈放，极易被碰，为求安稳，底座须厚重坚实。

此香几为清宫旧藏，黑漆里一侧雕刻"大明宣德年制"。回眸宣德（1426～1436 年）距今已 500 多年矣。这件难得的香几，优美可爱。但从研究角度，它对明式家具年代鉴定有何意义？一是其"大明宣德年制"款识首先需论证甄别。如果不真，它对断定硬木家具没有意义。如果真是宣德本年之物，那么若某黄花梨香几的构件、造型与此香几的构件、造型相仿，能说此黄花梨香几是大明宣德年制的吗？显然不能。作为硬木家具的明式家具与漆木家具时代的同一性问题是极复杂的，往往不是同步发展的，有时后者早就存在的形态，前者极晚之时才吸收使用。

图 224　明—清　黑漆四足圆香几
面径 38 厘米　高 82 厘米
（故宫博物院藏）

海棠形几盘、装绦环板束腰、托腮、三弯腿、内卷扁球足，这些假设是宣德年间的大漆家具符号，均不能机械生硬地作为明式家具同类符号的断代凭证。

明式家具在初始时只吸纳了漆柴家具中简洁的式样，随着时光的延续，才逐渐多地吸纳了复杂的构件元素。在漆木柴木家具上，或在明晚期前已存在托腮。但晚到清早中期，黄花梨和紫檀家具才吸收了托腮。托腮更多见于清中期，此时束腰增高加大，牙板外膨，遂以托腮相托，且越来越大。这成为清中期器物，尤其是桌子、几子的重要特征。

清乾隆时期的香几几乎个个有托腮，无托腮则不成香几，其他类别的家具也大致如此。如紫檀螭龙纹方香几（图 225），紫檀螭龙纹方香几（图226）。托腮集中使用于清中期，这是一个高峰期，至清晚期余风尚存。

托腮式样在清早中期、清中期才见于黄花梨、紫檀家具，后广泛使用于清晚期的红木家具上。有托腮的黄花梨家具上基本都有偏晚的年代符号，有的就被行家称为"红木的哥哥"。

大漆家具的年代不可硬套在黄花梨家具上。同样，明万历、崇祯年刻本上的版画插图上的家具个例，也不可机械地用于明式家具的断代上，如出版物插图上造型极为夸张的香几款式，绝不能作为式样有些相仿之黄花梨香几的断代凭证。

图 225 清中期 紫檀螭龙纹方香几
长 42 厘米 宽 31.5 厘米 高 88 厘米
（故宫博物院藏）

图 226 清中期 紫檀螭龙纹方香几
长 55 厘米 宽 41 厘米 高 90.5 厘米
（故宫博物院藏）

4. 黄花梨五足圆香几

黄花梨五足圆香几（图227）为五足式，五段束腰上有五个鱼门洞，其下有窄窄的托腮。托腮出现的年代偏晚。其整体发展趋势是由窄变宽，由矮变高。这在下几例香几上可以得以体现。

壶门牙板外膨，下边缘起优美的阳线，由牙板中心向腿上方伸延，终端成垂钉状。五腿三弯，上圆下直。这种下腿直状为仅见。足底外翻卷球，作变体搭叶纹（图227-1），并与腿上部垂针形纹饰遥相呼应。球足下为覆斗状方木块，再下为板状地平。这不同于一般黄花梨香几圆环状托泥的做法。

所有的细高瘦长形圆香几，足下多内收，予人头重腿轻的观感之外，亦有不稳之虞，尽管是硬木制作。可能这是工匠的另一种自觉，故此几以板状地平形成下部的沉着之貌，并加大了稳定之力。其地平直径略大于几面直径，但小于腿肩间之径。

图227 清早期 黄花梨五足圆香几（摹本）

（面）长41厘米 （面）宽41厘米 高97厘米

（原美国加州中国古典家具博物馆藏）

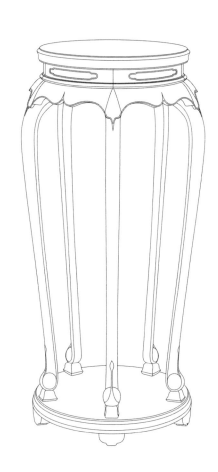

图227-1 黄花梨五足圆香几球足上的变体搭叶纹

图228 明万历 《玉露音》插图中的香几
（转自《明代版画丛刊》，台北故宫博物院）

各个三弯腿圆香几形态特点主要如下：

1. 腿足上大下小，顺势呈三弯形下行，在最低处，一般是以壮硕的足部收官，足部有外翻云纹式、外翻卷珠式、外翻球式、雕刻图案式。腿之流动圆滑的曲线最终坐落在坚实的足底部，具有稳定感。它们构成了抑扬顿挫节奏，形成飘动与静止的对比，这是三弯腿的视觉形式规律。

2. 三弯腿与壶门牙板相配，其曲线获得了更美的视觉效果。它们珠联璧合，相得益彰。从壶门牙板中心向两侧看，牙板与三弯腿圆角组合，两边各为一种加长的三弯形。它们造就了变化、对比，使线条更活跃，更富于流动感，使家具呈现出飘逸秀美的空间形式。

在古典传统家具制作中，三弯形是一个神奇的线向形态，传统木器匠作将这种曲线之光发扬得淋漓尽致。三弯腿与壶门牙板的曲线效果体现着古典艺术美的追求，曲圆实际是一种巧华与丰繁。在这一点上，它们异于又胜于现代主义的平直和古简。

3. 从用材看，三弯腿无疑是非大材不可胜任的，它是豪奢制作理念的产物。纤细的三弯之物就是一个矫情的制造，用材如七尺壮汉，成品似柔弱之女，这也沿袭了传统大漆家具的特殊美学追求。

4. 在圆形香几中，如果以黄花梨四足香几（见图231）为参照物，可以说，有一些成品似乎走向了变态美的境地。它们过分追求腿足的内收，形成一种不稳定感。也可能艺术品走向极致之时都会出现病态的成果，以至对它们用不同的评价标准可以得出至美或至丑的截然不同评价。

其实，在明万历出版物中，已可见香几有腿足过于内收之势，如《玉露音》版画插图中的香几（图228）。

5. 黄花梨球足圆香几

黄花梨球足圆香几（图229）几面有拦水线。束腰上，高起阳线浮雕出五个鱼门洞开光。托腮明显增大，较上例香几更夸张。三弯腿中段两侧出牙纹装饰。足端外卷球体，上覆搭叶纹。球体极大，搭叶亦大。足下还垫有一球体，再下承托泥。这种设计和制作都需要人之匠心和木之大材，无疑平添工料的耗费。此类家具品质高贵和奢华，同时也表明此香几年份偏晚，为清早期之物。

由于腿足弯曲度越来越大，出现了搭叶可以对足部弯曲处的横茬做一种支撑，同时有美化作用。所以，在清早期以后，搭叶纹在外卷足上使用颇多。

此几托泥直径明显大于几面，也大于腿肩最宽处。其由上至下的节奏是，上小，中渐大，下最大。这种尺寸安排科学，有极为稳定的实用功能和视觉感。

图229 清早期 黄花梨球足圆香几
（面）长 45.7 厘米 （面）宽 45.7 厘米 高 61 厘米
（佳士得纽约拍卖有限公司，2003 年 9 月）

6. 黄花梨双牙板圆香几

黄花梨双牙板圆香几（图230）雕缋满眼，丽绘藻饰。明式桌几发展到末期，对视觉变化的诉求常常如此完成，通过拔高束腰施以纹饰、加宽牙板以供雕饰，翻卷足端以增加瑰丽。这些由此例香几可见一斑，此香几可视为明式家具发展到最后的缩影。

整个香几富于华丽的效果，其具体特点：

1. 高束腰分五段装心板，各板上的委角开光内雕拐子螭龙纹。

2. 牙板加宽形成双层膨牙板。第一层牙板上，雕由卷珠纹发展而来的如意云纹（图230-1），大小如意云纹相间，以卷云纹连缀。这是明式家具晚期后起之纹饰。第二层牙板雕卷草形对称的螭尾纹。这里并未出现螭龙纹，但以对称的螭尾纹表现同样寓意，也是明式家具纹饰简化机制的表现。

3. 腿部中间内侧出牙纹，足外卷，上覆卷草式螭尾纹。

4. 第二层牙板上的左右螭尾纹（图230-2）结合处出现了"结子"，这是年代偏晚的新式样。此纹饰后来在清中期紫檀家具、清晚期红木家具上广为使用，而在较早之明式家具上未曾使用。

5. 高束腰上拐子式张嘴螭龙纹也表明其年份偏晚，晚于此前几例香几。

此几上部、中部、下部宽度之比，是足间直径略大于几面直径，但其略同于腿上部最大处（肩部）。这种节奏不影响整器的稳定感。

图230-1　黄花梨圆香几牙板上的如意云纹

图230-2　黄花梨圆香几高束腰上的左右螭尾纹

图 230　清早中期　黄花梨双牙板圆香几（摹本）

长 44.5 厘米　宽 44.5 厘米　高 81.6 厘米

（香港攻玉山房旧藏）

7. 黄花梨五足圆香几

黄花梨五足圆香几（图231）有显著的设计个性，给人颇为广阔的思考空间。圆几面下，为少见的半圆形混面束腰，上有五个椭圆开光，错位对应于五腿。开光内各雕变体螭凤纹，这种雕螭凤之器一定为女方嫁妆之用。束腰下托腮较大，而且是台阶式，表明年代偏晚。

牙板宽大，强劲外膨，形成饱满的肩部，设计分外大胆新奇。明式家具上，牙板外膨越大，越需要托腮过渡。托腮被硬木家具引用是在明式家具末期，成为清早中期出现的一种新装饰构件，带有明确的年代标志。

牙板分心处上面雕变体螭尾纹，插肩榫式三弯腿曲度极大，且由上向下内收。其中上部两侧出牙状纹饰，正面雕螭龙纹，外翻球足，连以草叶纹，其下垫以一木连做的圆球，复承以圆形托泥及龟足。

在造型上，各门类明式家具中都不缺优美的故事，但在某些极端的设计上，还能看到"偏激"之美，此几便是代表性的一例。

它由于过于追求婀娜之态，形成了在视觉和力学上的不稳定，从而走入了让后人争议之境。对此几的评价中有不同的声音，一方面有人讲这是至美之器，无物可出其右。另一方面也有人彻底否定之，如王世襄在其"明式家具八病"中将此几作为第五病"纤巧"，文中云：

它采用的是鼓腿膨牙，足端又向外翻出成为三弯腿的形式，在明人小说及清代《匠作则例》中有"蜻蜓腿"之称。此种形式上下的一舒一敛，应当有较大的区别，但也不宜做过了头。此几上部径为48厘米，下部径为25厘米，相差几乎是二与一之比，这样就造成头重脚轻，失去了平衡。在线脚和雕饰上使人感到过于雕琢的是半圆形的混面束腰和起棱多层的托腮，实际上这里所需要的只是老老实实的直束腰和线脚比较简单的托腮。

图231　清早中期　黄花梨五足圆香几

长48.5厘米　宽48.5厘米　高106.5厘米

（选自莎拉·韩蕙：《中国古典家具简约之美》）

就是几面的冰盘沿造得也不够理想，不如用常见的"一枭一混"为宜。圆束腰上造出椭圆的浮雕花纹，更与通体的纹饰不协调。看来香几的作者追求的是俊俏的造型和精细的雕饰，但所收到的是纤巧而不自然的效果。[1]

王老之言重矣，但也确有一定道理，尤其此几上部直径48厘米，下部直径25厘米的处理，使此香几落下不稳的诟病。还好，其足上修饰较多，增加了一定的力量感，与上部平衡和谐了一些。

在同一篇文章中，王世襄将铁梨高束腰五足圆香几（图232）荣列为十六品中的第三品"厚拙"，将两香几做一对比，可知王老的美丑逻辑何在。

铁梨五足香几上下各部位宽度之比如是：几面直径略小于腿肩最宽处，后者又略逊于足尖之间。这种设计应是王老的心中标准之美吧。

黄花梨五足圆香几婀娜窈窕，如瓷之梅瓶，线条何其优美。但梅瓶为赏玩之器，而香几为实用承重之物。如其亦纯为观赏器（固然今日已成为台上的观赏品），可能就没有异议了。但是，梅瓶在旧日使用中，也常需要另作木架，以防摔倒。

但是话又说回来，美是客观的，也是主观的，唯其偏激，可能有人认为它是极端之美。

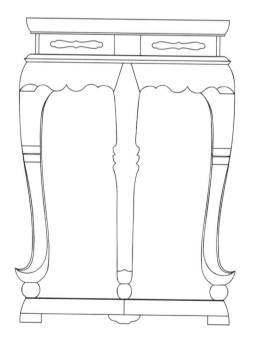

图232　清中期　铁梨高束腰五足圆香几（正视图）
长67厘米　宽67厘米　高89厘米
（王世襄旧藏）

1　王世襄：《明式家具研究》文字卷，页199，三联书店（香港）有限公司。

8. 黄花梨三足圆香几

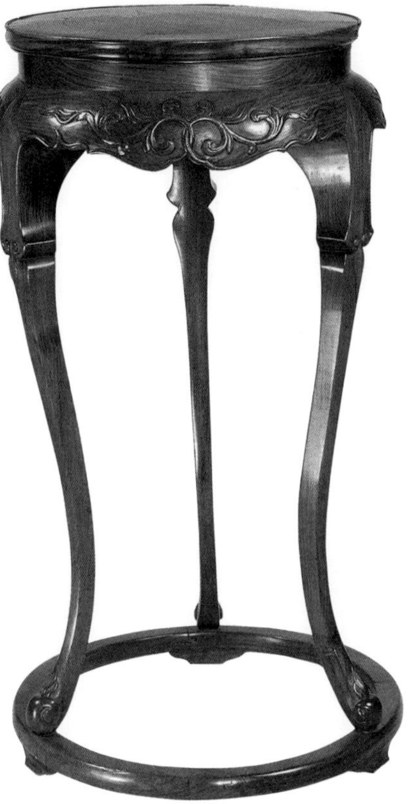

黄花梨三足香几（图233）几面由四段弧形大边攒框而成，内装心板。冰盘沿略显薄，束腰高拔。而无雕工、无托腮就益显其孤高。壶门牙板外膨，上雕饱满的螭尾纹（图233-1）。腿足侧观为三弯，正视则分为两截，上截宽大，如斧斤正面。与牙板贯通之边线在"斧刃"两端结成卷珠。下截近足部，遽然由宽变窄，正面徐徐出混面至足底。足上卷云纹成半球状。下承圆托泥，有龟足。

此香几的上中下宽度比例是：上部小，上中部渐大，中下部收小，下部最大。尽管足部没有更多更大的装饰，仍然可以压住阵角，泰然自若。吹毛求疵说其美中不足，一是几面过薄，二是束腰过素，三是无托腮相托。如此，头颈部就缺少些许装点。

黄花梨三足香几遗存不多，当时制作数量亦不敌五足香几。三足圆香几与五足圆香几谁更富有审美力？仁者见仁，智者见智吧。审美因素之外，三足圆香几极为弯曲的大边、牙板和腿足都颇为费料。综合来看，在制作者和消费者双方眼中，三足香几可能不如五足香几更为讨巧。

图233 清早中期 黄花梨三足圆香几
面径 43.3 厘米 高 89.3 厘米
（选自上海博物馆：《中国明清家具馆》）

图233-1 黄花梨三足圆香几牙板上的螭尾纹

明式家具复杂丰富，横看成岭侧成峰，但在细心梳理各类家具的沿革演变后，仍可以得出趋势和规律性的总结：明清家具史就是一部观赏面踵事增华史，是展示形式加大的过程。在人类各个物质文明的发展形态上，踵事增华本来就是一条基本的定律。只是作为专业研究，需要更多自己的具体而微的研究，需要更多的具体问题具体分析。

初始时期的家具产物是光素的，在这一类型中，当然可以出现完美的作品。贡布里希曾说："任何一种风格都有可能达到艺术的完美境界。"满雕则是发展的结果，它意味着更加鼎盛和成熟。那么，充满雕饰的器具价值判断的深层依据是什么呢？

从美学角度看，"装饰的美，它来自颜色鲜艳或丰富多彩，或精雕细刻对感官或想象的刺激。在历史上，装饰美首先发展起来，而且应用于还是仅供使用的形式上。然而，它有了装饰就吸引了观赏"。[1] 作品的形式"不是它的内容或本质，又恰恰就是它的内容和实质"。"形式就不仅仅是轮廓和形状，而是使任何事物成为事物那样的一套套层次、变化和关系——形式成了对象的生命、灵魂和方向。不仅如此，任何形式的后面还有一个来自实质本身的更深邃的形式"。而"在原则上，形式与实质是一个东西，就像身体和灵魂一样。"[2]

从社会学角度讲，一件雕饰繁复的家具往往意味着高级的设计和大量的劳动，使用这类器物更彰显自己的地位和财富。

现代以前，艺术是属于上层阶级的，极端的是宫廷特权的一部分。它是非大众的，无需以实用为出发点。现代包豪斯主义的一个重要观念是去宫廷化、去贵族化，为大众（平民阶层）实用而设计，既然为大众而设计，则需要控制成本及保证量产，而只有不断提高的工业化程度才使得这一切成为可能。

站在产生仅100年的现代主义立场上，活在现代主义语境中的人们，尤其是热爱功能主义的人士，可能会更容易接纳了简约主义和简约作品，对传统图案装饰不以为然。但从传统的美学观念和当代美学思辩角度看，图案装饰不但有意义，而且是另一种价值。人们认同简洁，根本原因是认同西方现代主义的审美观念。

人们用当下的现代主义美学体系评价明式家具时，可能未意识到这一美学逻辑是近百年来形成的，300年前，东西方都不认可这种体系。而300年以后，可能它那时也被时光抛弃。没有一个审美标尺是唯一的、绝对正确的、永恒的。所以，探究考察明式家具多姿多彩的美，既要立足现代，又要放在古代的语境中。一方面，可以用当下的美学体系审视明式家具，另一方面，更要了解古人的美学体系，这样才是历史主义地看问题，才会有更大的审美包容性。

---

1 ［美］乔治·桑塔耶纳：《美感》页11，中国社会科学出版社。

2 ［英］鲍山葵：《美学三讲》页7~8，上海译文出版社。

二、方香几式

方香几可分为三弯腿型和直腿型。

（一）三弯腿型

前面谈过，香几因不受主人身体尺度的限制、不用过多承重，可以做出夸大、对比和变化之式，所以香几三弯腿的使用明显多于桌子，方形香几也是如此。

一般桌子牙板上，常见的是螭龙纹加螭尾纹组合的子母螭龙纹范式。但由于香几牙板短，雕刻空间小，螭龙纹图案逐渐弱化，最后彻底消失，牙板上只保留螭尾纹。这种演变大致构成了方形香几历时性器物排队，实例如下：

1. 黄花梨螭龙纹方香几

黄花梨螭龙纹方香几（图234）面沿高低起伏，下压细线。矮束腰下，全身近乎满工，四腿肩部纹饰貌似为象纹，实为变体的螭龙纹（图234-1），其卷草形螭尾纹绵延向下，与肩部变体的螭龙头一起是一条完整的螭龙纹。牙板上雕硕大对称的卷草形螭尾纹（图234-2），实为小螭龙纹的隐喻，是简化的小螭龙纹。牙板的螭尾纹图案与腿足螭龙纹图案构成完整的子母螭龙纹，寓意为苍龙教子。

图 234　清早期　黄花梨螭龙纹方香几

长 51.4 厘米　宽 41.6 厘米　高 85.7 厘米

（北京元亨利艺术馆藏）

图 234-1　黄花梨方香几腿肩部的变体螭龙纹

图234-2　黄花梨方香几牙板上的螭尾纹

　　这是一个绝佳的范例，牙板上高调夺目的卷草形螭尾纹无疑喻指小螭龙。由此，更有理由断定，各种器物牙板上的卷草纹就是螭尾纹，即使其两旁没有非常明显的螭龙纹，但其完整寓指仍是子母螭龙。

　　在条桌、方桌、炕桌长长的牙板上，螭龙纹屡见不鲜。而由于香几牙板长度小，完整的子母螭龙纹一般难以刻画。故香几上少有螭龙纹，多以螭尾纹代替，这也是促使香几牙板上螭尾纹极为发达的一个因素。

　　三弯腿香几足下多配有托泥，而此香几无托泥，成为个例。但是，据资深行家所言，此类三弯腿香几足下一定有托泥。从现状看，此香几没有托泥，足底也未见与托泥相接之榫头，应是托泥丢失后，复加磨损，今日已不可见榫头了。

2. 黄花梨螭尾纹方香几

　　黄花梨螭尾纹方香几（图235）牙板中间雕硕大的螭尾纹。上例黄花梨螭尾纹方香几（见图234）腿肩部尚有变体的螭龙纹，而至此几之上，腿肩上的螭龙纹完全简化变形（图235-1）。它与牙板中间的螭尾纹一起组合成为完整的子母螭龙纹，整个图像寓意为苍龙教子。

　　推而广之，明式家具各类器物腿肩上这类形态简化、寓意不清的纹饰都应该是螭龙纹的变体。本几几面冰盘沿下端内收明显，益显单薄，这也是代表晚期明式家具桌几面沿的一个倾向。其足部加大装饰，浮雕内卷云纹，正面雕草叶纹，加大了器物下部的视觉感。

　　腿上部内侧突出的牙纹和巨大的内卷云纹足加强了此香几的雄壮之态。

3. 黄花梨拐子螭龙纹方香几

　　黄花梨拐子螭龙纹方香几（图236、图236-1）几面上嵌攒接的万字纹（图236-2），束腰略高，四面各开双鱼门洞，边起高高的阳线。壶门牙板上雕曲线极为饱满的螭尾纹，腿肩部雕变体螭龙纹。三弯腿曲度极大，上部内侧有出牙纹装饰，牙纹两侧雕拐子式螭尾纹。腿足尖外翻，上托圆球。这种卷球式是外卷云纹足的延续发展。

图 235-1 黄花梨方香几腿肩部上的变形螭龙纹

图 235 清早期 黄花梨螭尾纹方香几

长 52.1 厘米 宽 52.1 厘米 高 90.2 厘米

（苏富比纽约拍卖有限公司，1999 年 3 月）

图 236 清早中期 黄花梨拐子螭龙纹方香几

长 42.5 厘米 宽 42.5 厘米 高 95 厘米

（广东留余斋藏）

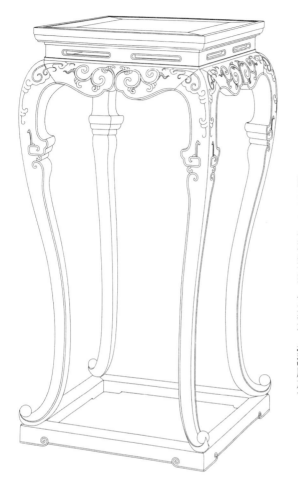

图 236—1 黄花梨方香几（摹本，托泥后加）

足底出榫，托泥现已遗失。此几曲度极大的三弯腿、足尖异同常规的外翻并托球、饱满的螭尾纹和四腿尖牙上的拐子纹等特点均佐证了此香几制作于明式家具的最高峰时期，为清早中期。

其腿之上下部出色的圆形曲线使其在众方香几中独领风骚。一般稍高的三弯腿方香几腿上部多是直形的，而此几为弯形，故有特殊效果。

图 236—2 黄花梨方香几几面上嵌攒接的万字纹（摹本）

4. 黄花梨高束腰方香几

黄花梨高束腰方香几（图237）边框极宽，面有拦水线。拦水不仅是为拦水，也用以修饰宽大的边抹，有审美价值。高束腰，榫头露明，其间装绦环板，踩地起鼓开光，开光内浮雕卷珠纹。

束腰下有肥大台阶式的高托腮。壶门牙板宽大外膨，腿肩雕有变体螭龙纹，曲度极大的三弯腿与牙板齐肩相交，腿中部两侧锼出多重牙纹，形成多变完美的壶门。

此几用料豪奢，尤其腿部非大材不可为。由于三弯腿上下曲度极大，为防横木茬断裂，腿上端内边有衬木相托（图237-1），足上缀透雕螭尾纹。足下垫球，托泥方正。

此几之高束腰、曲度极大的三弯腿、宽大的膨牙板、腿中部的多重牙纹、足上的卷草纹等特点均表明其年代之晚。

图 237-1 黄花梨方香几
腿上端内的衬木

图 237 清早中期 黄花梨高束腰方香几
长 26 厘米 宽 26 厘米 高 48 厘米
（故宫博物院藏）

5. 黄花梨六足方香几

黄花梨六足方香几（图238）几面为楠木，腿足增加为六条。香几由四腿演变为六腿，表明着年代的变迁。

各腿上部内侧置黄杨木螭龙纹圆雕构件（图238-1），圆雕工艺在装饰工艺上，为浮雕、透雕进一步发展后的结果。此圆雕虽为装饰，但更多的作用是力学功能，以支撑曲度极大的三弯腿上部。此处木纹为横茬状，受力时易断。所以，出于力学的考虑，在各个腿部上端内部，内置黄杨木角牙以加强支撑。其作用如上例黄花梨高束腰方香几（见图237）腿上端内的衬木。

图238 清早中期—清中期 黄花梨六足方香几

直径 62 厘米　高 81 厘米

（选自中国国家博物馆：《简约·华美——明清家具精粹》，中国社会科学出版社）

图 238-1　黄花梨香几腿足内的圆雕螭龙纹

一些明式家具越到后期，三弯腿弯曲度越大，在形式感极致的追求中，制作者也考虑到科学地增强其牢固性。角牙有两个功能，一个是支撑，再一个就是装饰。一般的角牙多放于明面，增加装饰效果。而此处角牙必须置于里头，以完成支撑功能。但是，它依然考虑到装饰，一是用黄杨木俏色，二是圆雕螭龙纹十分考究。

其托腮肥硕高起。清中期紫檀家具上常见厚大器物托腮，这件黄花梨家具已着其先鞭。其上打洼扯不断纹（图238-2）显示年份已近清中期。足部（图238-3）为外卷球搭叶式，亦表明年代偏晚。

在此明式香几上，我们看到太多的清式家具元素。明式家具与清式家具在这类家具上逐渐完成过渡。

图 238-2　黄花梨香几托腮上的扯不断纹

图 238-3　黄花梨香几的足部

6. 黄花梨荷叶形面六足香几

黄花梨荷叶形面六足香几（图239）突破前面所述各例，独具一格：

1. 可视为是六方形香几的演变体，只是其几面成为长荷叶形，六边曲线内凹，大委角。侧面（图239-1）窄于正面近10厘米。

2. 上下双束腰。上层束腰中，六个仿竹节露明中，各装六个绦环板，其上委角开光中，透雕螭尾纹。下配六边委角托腮，圆润光滑。下层束腰上，开长方角鱼门洞，下承托腮。托腮肥大，如坡地分层下延。这两层束腰和托腮，工笔重彩，处处对比而又呼应。

图239 清早中期 黄花梨荷叶形面六足香几

长50.5厘米 宽39.5厘米 高73厘米

（故宫博物院藏）

图 239-1 黄花梨香几的侧面

3.六个壸门式牙板亦华彩生动，极度外膨，下缘曲线委婉，两端镂出草叶形双牙纹（图239-2），终端搭于腿上部，有销钉加固，成"披肩式"。

4.六腿成曲度夸张的三弯形，足端卷成两面扁平的球体，其上搭叶，足下为球形木块相垫。

5.板式六方海棠形地平为基座，长度、宽度大于腿肩部的长度、宽度，为全器赢得了平稳、厚重之感。

全几无一处懈怠，笔笔可见不凡身手，显示了大匠之巧思。

图 239-2 黄花梨香几牙板上的草叶形双牙纹

7.黄花梨螭龙螭凤纹方几座

　　黄花梨螭龙螭凤纹方几座（图 240、240-1）在林林总总的明式家具之中，至今仅发现这一例，是明明确确的个案。但此孤例涵盖了多少器物的发展的倾向，代表了一种总的演变趋势，由简洁到繁复，变虚为实，它是普遍规律的缩影。它是明式家具观赏面不断加大法则极端发展的标志，也呈现着明式家具向清式家具过渡时期的姿态。

图 240　清早中期　黄花梨螭龙螭凤纹方几座

长 44 厘米　宽 49 厘米　高 141 厘米

（北京保利国际拍卖有限公司，2015 年秋季）

图 240-1 黄花梨螭龙螭凤纹方几座侧面

相信绝大多数见过此器（包括照片）的人，多少年来都是一头雾水，莫名其妙。似乎此器玄奥颇多，令人讶异和迷茫。其实个中之妙可一言蔽之：加大观赏面。

奇文共欣赏，疑义相与析。看得出这是个观赏面主义的极品，制作者在此要大干一票，以示其不凡。下面仔细观察之。

1. 此座结构上，边抹厚大，束腰强烈地增高，有托腮。牙板肥大，中间下垂如云纹，两旁弯腿马蹄足高度与牙板宽度相应，似乎构成牙板一部分，实则弯腿马蹄足与下面三弯腿为一木而为，足端雕卷云纹。两层腿足间开槽，装挡板（衬板）大面积封实腿间，以延展雕饰之面。

此器求取观赏面之心何其壮哉。如果将其四足间的挡板剔去,其貌若何？就是一个香几，粗壮而已。制作者处处加大立面，以追求雕饰的效果，把观赏面不断加大法则突显得令人震撼。这一点最重要，但成也萧何，败也萧何，称"品"斥"病"之声，皆由此生。

由于形制特殊，所以关于它的话语就多了一些。恶其者称为"病"，[1] 好之人视为"品"。有人斥之臃肿，有人称之雄伟。

可以模拟一下此黄花梨方几座的形制演变之路，描画出这个"典型观赏面主义者"的发展轨迹：

模拟黄花梨方几座的形制演变之一（图240-2）为常规黄花梨香几的式样。

模拟黄花梨方几座的形制演变之二（图240-3）将牙板加大，表现为垂云纹式牙板和两旁低矮的四足。

模拟黄花梨方几座的形制演变之三（图240-4）拔高束腰，其上雕饰图案。

黄花梨方几座（图240-5）在以上形制的两层腿足间嵌入挡板，堵虚为实，扩大观赏面，饰以海棠形开光图案。

这就是一个从规范的香几到"观赏面主义"极品王者归来的发展全过程，妙处所在令人玩味不尽。

2. 此几图案雕刻带有清早期明式的"黄花梨工"风格遗态，但雕饰布局，粗分为四段，又接近清代乾隆时期家具自上而下的多段图案布局。图案表里分出三层浮雕，铲地极深极平，也接近清乾隆时期的风格。

3. 多年以来,它一直以侧面照片的形象示人,有"臃肿"之感。但如果从正面观察此几座，会有新的不同感受：从正视图像看，弯腿和三弯腿上下一木挖成让大气磅礴的设计中隐含着有所收敛,尤其是在器物中部，弯腿与三弯腿交接处的内收凹进，消解了外膨宽大的视感。托腮以下的弯腿与三弯腿一木挖成，如此上腿与下腿交接处的内收，也不必更宽大的木材。

同时在此处形成某些曲线节奏，形成一组装饰带，破解了巨大体量的沉闷。此等矮足与

1　王世襄：《明式家具的'品'与'病'》,《明式家具研究》页199，三联书店香港有限公司，1989年。

图 240—3　黄花梨方几座的形制演变之二（摹拟图）

图 240—2　黄花梨方几座的形制演变之一（摹拟图）

图 240—5　黄花梨方几座的形制演变之四（完成图）

图 240—4　黄花梨方几座的形制演变之三（摹拟图）

图 240-6 黄花梨方几座侧面

三弯腿一木而为之举，一举三得，神来之笔。如果循着常规的三弯腿式样制作，上述三美尽失。

对比图片可发现，其在侧身照片（图 240-6）中明显被臃肿。照片也往往欺骗我们的眼睛，胖人照相侧身显着苗条，此座侧身照片反则富态。

此几座挑战着人们习惯的一般明式家具审美标尺。在现代主义情趣下，人们久已习惯了纤细、简单的审美标准。其实，明式家具是博大的，更是发展的，而不是单一不变的，不是想象的仅仅是四面平桌子、南官帽椅那样简约简洁。而且，也绝非仅几个棍棍和板板的结构体才是明式家具经典。相反，越复杂的结构和装饰越需要更多的匠学经验、更多的设计思路和审美养成。

当下的人们都是被现代主义、简约主义洗脑的一群，容易简单地肯定、喜欢几个棍棍的结构体，但设身处地在那个时代的生产场景中考虑这件作品，就可以体会它的设计制作之难。它的设计要求达到一种与尊贵的法器相吻合的气质，并且做到了这一点。

4.此台座为寺院佛教法器底座，有某种强烈威仪感，它以堆木成垛的方式彰显着自身的重要和独特，同时也把观赏面不断加大法则突显得令人震撼。

明式家具的各个时期都有其代表作，都有巅峰作品。此几座是明式家具末期的代表作。如果以一个典范性的清中期香几作对比，更可以发现此黄花梨几座的特性。笔者试与故宫博物院旧藏清中期紫檀瓶式束腰香几（图241）相较，对比产生鉴别。

紫檀瓶式束腰香几为紫檀香几中最独特优美的一款，乍看其结构亦是莫名其妙。但以类型学变化之眼光看，它无非是在黄花梨六方香几（见图238）一类器物的形制基础上，拔高束腰，改成方花觚式，并雕之繁复纹饰。岁月交替，器形演绎，明式香几演变成为清式香几。

将黄花梨龙凤纹方几座与紫檀花瓶式束腰香几比较一下，可以梳理出明式家具末期方香几形制的某些制作趋势。

同为高束腰，紫檀香几以花觚式立体示人；黄花梨几座以平面雕海棠开光增色。

同在托腮与牙板处作文章，形成多层设计，紫檀香几为双层托腮与牙板合二为一；黄花梨几座则以托腮、牙板、"小几弯腿"组合一体。

紫檀香几成纤细四足之态，形成开阔空间；黄花梨几座腿足粗硕，腿间充以实板，并在开光内饰螭龙纹、螭凤纹。

紫檀香几为苏作一系，尽管周身雕饰，但体态纤巧婀娜；黄花梨几座应为闽广之风，宽材大料，粗壮敦实。可见当时当地黄花梨材源丰沛，它在非沿海地区制作是不可想象的。

紫檀香几纹饰为清中期变异的花草纹饰；黄花梨几座纹饰为清早中期的螭龙螭凤纹。黄

图241 清中期 紫檀瓶式束腰香几

长35厘米 宽35厘米 高104厘米

（故宫博物院藏）

花梨几座上的多层装饰近乎清中期趣味，但其图案格局不是典型清中期的周身满雕，尚有清早中期螭龙螭凤纹之风。

清中期紫檀香几是观赏面不断加大法则极致表现；黄花梨几座有过之无不及，它全身嵌装心板，产生性质上的一个跳跃，使器物立面几乎全为实面，以扩大雕饰图案空间。它在式样、精神旨向上，已是不逊清中期绮丽秾华的造物。

此方几座的用途何在？这一直牵动人心。2015 年秋季，在北京保利国际拍卖有限公司拍卖图录中，展示了 1948 年在粤北韶关云门寺大殿上的虚云禅师照片（图 242），虚云禅师身后有一器，局部图像与本黄花梨螭龙螭凤纹方几座上部细节一一相符，照片中的方几座上可见金属器的底座，器物上部未拍照进来，推测为法器或为佛龛。座上之物已不可细究，但可以确定，本黄花梨方几座是专为其上之器物所配制。

图 242　虚云禅师像

8. 黄花梨外卷球足方香几

黄花梨外卷球足方香几（图243）光素无雕饰，似乎是香几较早的形态，但外翻球足（图243-1）的做法表明其制作于明式家具末期。据炕桌卷云纹足至球足的演变轨迹分析，外翻球足是很晚出现的式样。束腰与壶门牙板一木连做，壶门牙板两端锼出两个牙纹，三弯腿与牙板圆角相接，上直而下弯，足下承托泥。

图243-1 黄花梨外卷球足香几外翻球足

图243 清早中期 黄花梨外卷球足方香几

长57.8厘米 宽60厘米 高80.7厘米

（中国国家博物馆「承古融今 星汉灿烂——中国嘉德艺术品拍卖20年精品回顾展」）

图 244-1 黄花梨桦木方香几上的扁矮马蹄

（二）直腿型

1. 黄花梨直腿方香几

黄花梨直腿方香几（图 244）几面嵌桦木板。此几整体造型中规中矩，简单而朴拙，腿足用料硕大，马蹄扁矮（图 244-1），年代上看早，为明末清初之物。

常见方香几上嵌大理石板或瘿木、桦木。这不排除原档如此制作，但也有另外的可能，香几焚香，几面易损，后世常有修配，以古旧石板和他木代替旧板，较为方便，且不易被识破为新配。

图 244 明末清初 黄花梨直腿方香几

长 45.4 厘米 宽 31.8 厘米 高 83.5 厘米

（佳士得纽约拍卖有限公司，2013 年 3 月）

2. 黄花梨长霸王枨方香几

黄花梨霸王枨方香几（图245）几面冰盘沿，矮束腰与牙板一木连做，四腿挓度较大，长霸王枨三弯，截面为方形。它们一头集中在桌面下中间穿带上，以销钉固定，上面又覆以八角方木板。腿部一端的枨子下施以垫榫。马蹄足高矮居中，下承托泥，托泥面沿平直，龟足为倒梯形。

此几中规中矩，艾克在其明式家具的开山之作《中国花梨家具图考》中，留下了它的剖立面图、平面图。此书开创明式家具的剖面、立面、平面图的测绘方法，成为永远的圭臬，泽被后世。一杯水可以映照长江大河，一张图昭示了现代文明的使者对中国传统文化的贡献。

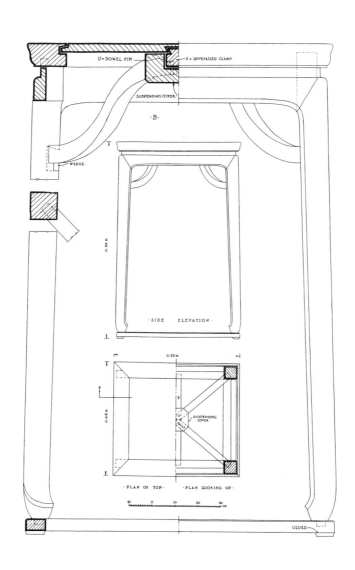

图245 明末清初 黄花梨长霸王枨方香几（剖立平面图）

（选自艾克：《中国花梨家具图考》）

长55厘米 宽48厘米 高84厘米

图 246-1　黄花梨方香几的足下托泥

3. 黄花梨直腿方香几

黄花梨直腿方香几（图 246）几面嵌桦木板，边抹面周边起拦水线。冰盘沿下压窄线，矮束腰，牙板出牙嘴与修长细腿圆角交接，稍宽之灯草线贯穿牙板和四腿。

以纤腿示人，是本几之特征。足为矮马蹄。托泥（图 246-1）多层起棱，如台阶缓缓而下。几面下有灰漆，可知为苏作之物。

图 246　明末清初—清早期　黄花梨直腿方香几

长 56.3 厘米　宽 38.4 厘米　高 85.3 厘米

（选自侣明室：《永恒的明式家具》，紫禁城出版社）

4. 黄花梨直腿方香几

黄花梨直腿方香几（图247）几面嵌绿石板，大喷面，冰盘沿下端内收较大，高束腰露明，其间装鸡翅木板，上开两个鱼门洞，牙板与四腿圆角相交，腿肩微溜，与大喷面形成对比，一伸一屈，一方一圆，形成变化。足部为高马蹄（图247-1），下承托泥。

其大喷面、高马蹄足以及整体造型的高拔，不同凡响，均显示明式家具末期器物的改进和优良。

图247-1 黄花梨方香几的高马蹄

图247 清早中期 黄花梨直腿方香几

长44厘米 宽42厘米 高79厘米

（选自洪光明：《黄花梨家具之美》，南天出版社）

5. 黄花梨内卷球足方香几

黄花梨内卷球足方香几（图 248）几面嵌大理石板，有拦水线，矮束腰，壶门牙板与四腿大圆角相交，曲线优美，颇有古意。足下内卷圆球（图 248-1），球上有内卷云纹饰，应为内卷云纹的遗风。

此几虽风化强烈，但由其内卷球及其雕饰判断，其年代还是向后看为准。

图 248　清早中期　黄花梨内卷球足方香几

长 53 厘米　宽 37.4 厘米　高 78.5 厘米

（选自马科斯·弗拉克斯：《中国古典家具私家观点》，中华书局）

6. 黄花梨内卷球足方香几

黄花梨内卷球足方香几（图249）桌面嵌瘿木，牙板为壸门式，两端曲线波折，起线优美。其与腿45°角相交处，浮雕出双牙纹，足下硕大球体形态夸张。四腿用材豪奢，形成特殊效果。但它在年份上是偏晚的表现。其托泥修饰有嘉，如宽窄不一的台阶，阶阶向下，胜过一般所见的托泥。

以上数例方香几，仅是就设计的丰富性而言，可见年代晚者形态胜过年代早者。它们代表着明式家具的普遍情景，大江后浪推前浪，一代新作胜旧品。

在古代出版物刻本中，可以看到香几常放在园林庭院中使用。而在明式家具研究中，也往往有人把明式家具与明清私家园林联系起来。那么晚明时期风起云涌的治园修沼活动是怎么回事呢？这对于理解明式家具的制作的确有所裨益。

明清园林建造风云际会，其艺术成就、人文精神价值举世公认。古典园林代表了中国古代的艺术和审美。更深刻地说，它反映了人类创造性的本质。

图 **249** 清早中期 黄花梨内卷球足方香几

长 59.2 厘米 宽 59 厘米 高 84.3 厘米

（选自伍嘉恩：《明式家具二十年经眼录》，紫禁城出版社）

但毋庸讳言，私家造园从来就是社会地位的标志，也是当时所有奢侈性活动中，耗资最巨、炫耀性最强的行为。如果从消费角度认真审视，更容易明白这是明清达官显贵豪侈放纵、轻财重奢的活动。

长期以来，私家园林评价中只重艺术成就的倾向使人们从不观察园林建造的动机和所需财力，而仅仅认为它是一种单纯的艺术追求。如果以社会学进行分析，便可直视园林是当时花费最巨的奢侈活动。园林建筑本身是上层财富阶层一种高端的消费活动。

当代人多关注园林的艺术成就，而古人更直面其间的财力之耗费、骄奢之夸耀。

明人谢肇淛说：

缙绅喜治第宅，亦是一蔽。……及其官罢年衰，囊橐满盈，然后穷极土木，广侈华丽，以明得志。……余谓富贵之家，修饰园沼，必竭其物力，招致四方之奇树怪石，穷极志愿而后已。[1]

明人何良俊说：

凡家累千金，垣屋稍治，必欲营治一园，若士大夫之家，其力稍赢，尤以此相胜。大略三吴城中，园苑棋置，侵市肆民居大半。[2]

明人沈德潜说：

嘉靖末年，海内宴安，士大夫富厚者，以治园亭、教歌舞之隙，间及古玩。如吴中吴文恪之孙、溧阳史尚宝之子，皆世藏珍秘，不假外索。[3]

晚明空前的造园造物运动如火如荼，它强劲地弥漫于上层社会，同时也引发了一些官员和社会人士的抨击。各种奏疏、地方志和个人笔记中，对其"俗之侈""俗之糜"的纷纷指责，恰恰构成今日对当时奢侈文化研究的繁多史证。

人间富贵者，多为当权人。当时园林主人大多数为卸任官员，治园修沼、叠山理水，成为官场外另一种权势和财富的显示。建造园林，为了是享受其优雅舒适的居住环境，但更多的意义超越了单纯的居住。正像当今购买超级豪车者，不仅只是为了车的安全性能和出众的速度、设计制作，富贵象征意义远大于此。

明万历时，首辅申时行致仕后的安享生活和表现尊贵的方式最具代表性。他在明万历十九年（1591 年），回到家乡苏州，买下了一个自宋代传下的旧园，名为乐圃。又在苏州建了邸宅八大处，分别以八音命名，分别为金、石、丝、竹、匏、土、革、木八园。

1　明谢肇淛：《五杂俎》卷三，"地部一"，中华书局，1959 年。
2　明何良俊：《何翰林集》卷一二，《西园雅会集序》，线装书局，2001 年。
3　明沈德潜：《万历野获编》卷二六，页 645，中华书局。

申家除园亭精侈、器用饮食衣服华糜之外，还广蓄声伎，以供醉舞酣歌、宴会嬉游。明代郑桐庵《周铁墩传》说："吴中故相国申文定公家，所习梨园，为江南称首。"明末杨绳武《书顾伶事》说："相国家声伎，明季为吴下甲，每度一曲，能使举座倾倒。"申死后，葬在石湖吴山东麓，占地百亩以上，为一典型的明代高官显宦的墓葬。仅举此一例，可以明了园林之中不是"文人的生活"，而是"达官显贵的奢华"。

古典园林的最高代表是宋徽宗的艮岳，那是文化的成果，更是权力堆起的财富高峰。明代江南园林风尚传接于宋代，私家园林数百座，无非后世豪奢官商效尤者也。

江南私家园林园主主要是权力精英，以及豪绅、富商之流。当然，当时形成的一个特殊的不走科举仕途之路的社会群体——"山人"，他们是读书人出身，个别为世家子弟，有先君子遗业。其中多数为下层贫寒之士，但其中个别人或入幕，靠攀附权贵成功；或以文营商有道，发家富有。他们成为山人中的上层，其社会地位和经济收入超越常人，成为富裕的人群。他们中间也有造园者，如徐霖造快园、王稚登造半偈园、张凤翼造求志园、陈继儒造婉娈草园、周靖履造梅园、赵宦光造寒山园、文震亨造碧浪园和水嬉堂。即使如此，在明代私家园林之中，山人造园的比例是很小的。

当代人赋予江南园林"文人园林"之誉，其意如此理解可矣：江南园林具有"文人画"一样的特殊内涵，诗情画意，写意山水。但其使用者的第一身份是权贵。制作者主体也非出自文人之手。园林建造是一套完整的匠作体系，当时有专门的造园匠师，这一制造艺术成果的最大文字结晶可以哲匠级工匠计成的《园冶》为代表。

在传统文化的各匠作体系中，有个别文化人侧身其中，但都难以构成制作主力。园林也是一样，尽管在私家园林中，匠人文化体系和文人文化体系衔接极为密切。从文化的创造角度讲，制度典章、哲学文学艺术等精神文明的建立、创作，属于文人文化体系。而实用性的建筑、家具等工艺品等物质文明的创造，则要依靠匠人文化体系的能工巧匠们。

明清各阶层中都有文化人，他们并不构成独立的职业和消费阶层。中国的科举取士制度使官贵富有阶层人士都具有文化背景，但在下层百姓里也不乏读书人。

占有古今文化成果是政治权力阶层和经济权力阶层必然的选择。顶级文化的物态成果一定首先归属于顶级的权力和财富精英，而非为抽象的文化人的专有物。物质文化如果没有社会各阶层的肯定，尤其是社会上层的肯定，则无其广泛的社会性。

从消费角度看，明清私家园林乃至明式家具，其使用人身份首先是身荣家富者，有无高深的文化是次要的。因为对园林等高档文化成果的认同门槛不高，达到一定社会地位和财富地位的人一定会迅速完成对这一类优质文化产物的认同，尤其是这些优质文化产物已经成为荣华富贵的象征时。